全国职业院校工业机器人技术专业规划教材

Gongye Jiqiren Jishu Jichu
工业机器人技术基础

上海景格科技股份有限公司　**组织编写**
陶守成　周平　**主　编**

人民交通出版社股份有限公司
China Communications Press Co.,Ltd.

内 容 提 要

本书为全国职业院校工业机器人技术专业规划教材。主要内容包括：工业机器人概述、工业机器人的机械系统、工业机器人的动力与驱动系统、工业机器人的控制系统、工业机器人的感知系统、工业机器人基本操作、工业机器人坐标系设置、图形轨迹综合的编程与操作、搬运综合编程与操作、离线编程软件的应用。

本书可作为职业院校工业机器人等相关专业的教材，也可供工业机器人从业人员参考阅读。

图书在版编目(CIP)数据

工业机器人技术基础 / 陶守成，周平主编. —北京：人民交通出版社股份有限公司，2019.6

ISBN 978-7-114-15527-7

Ⅰ. ①工… Ⅱ. ①陶… ②周… Ⅲ. ①工业机器人—职业教育—教材 Ⅳ. ①TP242.2

中国版本图书馆 CIP 数据核字(2019)第 084384 号

书　　名：工业机器人技术基础
著 作 者：陶守成　周　平
责任编辑：李　良
责任校对：尹　静
责任印制：张　凯
出版发行：人民交通出版社股份有限公司
地　　址：(100011)北京市朝阳区安定门外外馆斜街 3 号
网　　址：http://www.ccpress.com.cn
销售电话：(010)59757973
总 经 销：人民交通出版社股份有限公司发行部
经　　销：各地新华书店
印　　刷：北京市密东印刷有限公司
开　　本：787×1092　1/16
印　　张：13.5
字　　数：309 千
版　　次：2019 年 6 月　第 1 版
印　　次：2019 年 6 月　第 1 次印刷
书　　号：ISBN 978-7-114-15527-7
定　　价：33.00 元

(有印刷、装订质量问题的图书由本公司负责调换)

前言

目前,我国的工业化水平不断提升,工业机器人在工业领域内的应用范围越来越广泛,各企业对于工业机器人技术人才的需求不断增加。为了推进工业机器人专业的职业教育课程改革和教材建设进程,人民交通出版社股份有限公司特组织相关院校与企业专家共同编写了职业院校工业机器人专业规划教材,以供职业院校教学使用。

本套教材在总结了众多职业院校工业机器人专业的培养方案与课程开设现状的基础上,根据《国家中长期教育改革和发展规划纲要(2010—2020年)》和《中国制造2025》的精神,注重以学生就业为导向,以培养能力为本位,教材内容符合工业机器人专业方向教学要求,适应相关智能制造类企业对技能型人才的要求。本套教材具有以下特色:

1. 本套教材注重实用性,体现先进性,保证科学性,突出实践性,贯穿可操作性,反映了工业机器人技术领域的新知识、新技术、新工艺和新标准,其工艺过程尽可能与实际工作情景一致。

2. 本套教材以理实一体化作为核心课程改革理念,教材理论内容浅显易懂,实操内容贴合生产一线,将知识传授、技能训练融为一体,体现"做中学、学中做"的职教思想。

3. 本套教材文字简洁,通俗易懂,以图代文,图文并茂,形象生动,容易培养学生的学习兴趣,提高学习效果。

4. 本套教材配套了立体化教学资源,对教学中重点、难点,以二维码的形式配备了数字资源。

《工业机器人技术基础》为本套教材之一,主要内容包括:工业机器人概述、工业机器人的机械系统、工业机器人的动力与驱动系统、工业机器人的控制系统、工业机器人的感知系统、工业机器人基本操作、工业机器人坐标系设置、图形轨迹综合的编程与操作、搬运综合编程与操作、离线编程软件的应用。

本书由上海景格科技股份有限公司组织编写,由上海景格科技高级产品经理陶守成、上海第二工业大学周平教授担任主编,参与本书编写的还有景格科技课程设计师张玉莹、景格科技机器人工程师方崇村等产品团队,教材中的美术图片由景格科技吉李平、钱伟、于恒等团队组织制作。在编写过程中,编者借鉴了由职业院校一线专业教师提供的众多参考资料,在此一并表示真挚的感谢。

由于编者水平、经验和掌握的资料有限,加之编写时间仓促,书中难免存在不妥或错误之处,请广大读者不吝赐教,提出宝贵意见。

编 者
2019年4月

目 录
CONTENTS

项目一　工业机器人概述 ⋯⋯⋯⋯⋯⋯⋯⋯⋯⋯⋯⋯⋯⋯⋯⋯⋯⋯⋯⋯⋯⋯⋯⋯⋯ 1
　　任务一　机器人的发展 ⋯⋯⋯⋯⋯⋯⋯⋯⋯⋯⋯⋯⋯⋯⋯⋯⋯⋯⋯⋯⋯⋯⋯⋯ 2
　　任务二　工业机器人应用现状及发展趋势 ⋯⋯⋯⋯⋯⋯⋯⋯⋯⋯⋯⋯⋯⋯⋯⋯ 7
　　任务三　工业机器人的基本组成及技术参数 ⋯⋯⋯⋯⋯⋯⋯⋯⋯⋯⋯⋯⋯⋯⋯ 15
项目二　工业机器人的机械系统 ⋯⋯⋯⋯⋯⋯⋯⋯⋯⋯⋯⋯⋯⋯⋯⋯⋯⋯⋯⋯⋯ 26
　　任务一　工业机器人的手部结构 ⋯⋯⋯⋯⋯⋯⋯⋯⋯⋯⋯⋯⋯⋯⋯⋯⋯⋯⋯⋯ 27
　　任务二　工业机器人的本体结构 ⋯⋯⋯⋯⋯⋯⋯⋯⋯⋯⋯⋯⋯⋯⋯⋯⋯⋯⋯⋯ 34
项目三　工业机器人的动力与驱动系统 ⋯⋯⋯⋯⋯⋯⋯⋯⋯⋯⋯⋯⋯⋯⋯⋯⋯⋯ 39
　　任务一　工业机器人的伺服系统 ⋯⋯⋯⋯⋯⋯⋯⋯⋯⋯⋯⋯⋯⋯⋯⋯⋯⋯⋯⋯ 40
　　任务二　工业机器人的传动机构 ⋯⋯⋯⋯⋯⋯⋯⋯⋯⋯⋯⋯⋯⋯⋯⋯⋯⋯⋯⋯ 48
项目四　工业机器人的控制系统 ⋯⋯⋯⋯⋯⋯⋯⋯⋯⋯⋯⋯⋯⋯⋯⋯⋯⋯⋯⋯⋯ 54
　　任务一　工业机器人控制系统的组成 ⋯⋯⋯⋯⋯⋯⋯⋯⋯⋯⋯⋯⋯⋯⋯⋯⋯⋯ 55
　　任务二　控制系统的连接 ⋯⋯⋯⋯⋯⋯⋯⋯⋯⋯⋯⋯⋯⋯⋯⋯⋯⋯⋯⋯⋯⋯⋯ 59
　　任务三　机器人末端执行器气压驱动系统 ⋯⋯⋯⋯⋯⋯⋯⋯⋯⋯⋯⋯⋯⋯⋯⋯ 81
项目五　工业机器人的感知系统 ⋯⋯⋯⋯⋯⋯⋯⋯⋯⋯⋯⋯⋯⋯⋯⋯⋯⋯⋯⋯⋯ 87
　　任务一　内部传感器 ⋯⋯⋯⋯⋯⋯⋯⋯⋯⋯⋯⋯⋯⋯⋯⋯⋯⋯⋯⋯⋯⋯⋯⋯⋯ 88
　　任务二　外部传感器 ⋯⋯⋯⋯⋯⋯⋯⋯⋯⋯⋯⋯⋯⋯⋯⋯⋯⋯⋯⋯⋯⋯⋯⋯⋯ 96
项目六　工业机器人基本操作 ⋯⋯⋯⋯⋯⋯⋯⋯⋯⋯⋯⋯⋯⋯⋯⋯⋯⋯⋯⋯⋯⋯ 106
　　任务一　认识工业机器人示教 ⋯⋯⋯⋯⋯⋯⋯⋯⋯⋯⋯⋯⋯⋯⋯⋯⋯⋯⋯⋯⋯ 106
　　任务二　手动操纵工业机器人 ⋯⋯⋯⋯⋯⋯⋯⋯⋯⋯⋯⋯⋯⋯⋯⋯⋯⋯⋯⋯⋯ 110
项目七　工业机器人坐标系设置 ⋯⋯⋯⋯⋯⋯⋯⋯⋯⋯⋯⋯⋯⋯⋯⋯⋯⋯⋯⋯⋯ 113
　　任务一　认识工业机器人坐标系 ⋯⋯⋯⋯⋯⋯⋯⋯⋯⋯⋯⋯⋯⋯⋯⋯⋯⋯⋯⋯ 114
　　任务二　设置工具坐标系 ⋯⋯⋯⋯⋯⋯⋯⋯⋯⋯⋯⋯⋯⋯⋯⋯⋯⋯⋯⋯⋯⋯⋯ 117
　　任务三　设置用户坐标系 ⋯⋯⋯⋯⋯⋯⋯⋯⋯⋯⋯⋯⋯⋯⋯⋯⋯⋯⋯⋯⋯⋯⋯ 124
　　任务四　设置有效负载 ⋯⋯⋯⋯⋯⋯⋯⋯⋯⋯⋯⋯⋯⋯⋯⋯⋯⋯⋯⋯⋯⋯⋯⋯ 128
项目八　图形轨迹综合的编程与操作 ⋯⋯⋯⋯⋯⋯⋯⋯⋯⋯⋯⋯⋯⋯⋯⋯⋯⋯⋯ 132
　　任务一　摆线轨迹的编程与操作 ⋯⋯⋯⋯⋯⋯⋯⋯⋯⋯⋯⋯⋯⋯⋯⋯⋯⋯⋯⋯ 133
　　任务二　直线轨迹的编程与操作 ⋯⋯⋯⋯⋯⋯⋯⋯⋯⋯⋯⋯⋯⋯⋯⋯⋯⋯⋯⋯ 139
　　任务三　圆弧轨迹的编程与操作 ⋯⋯⋯⋯⋯⋯⋯⋯⋯⋯⋯⋯⋯⋯⋯⋯⋯⋯⋯⋯ 143
　　任务四　复合图形轨迹的编程与操作 ⋯⋯⋯⋯⋯⋯⋯⋯⋯⋯⋯⋯⋯⋯⋯⋯⋯⋯ 149

项目九　搬运综合编程与操作 ··· 155
　　任务一　吸盘工具拾放的编程与操作 ··································· 156
　　任务二　搬运的编程与操作 ·· 160
　　任务三　塔式码垛的编程与操作 ··· 166
　　任务四　复合搬运的编程与操作 ··· 172
项目十　离线编程软件的应用 ··· 176
　　任务一　创建写字模块 ·· 177
　　任务二　末端执行器的选择与设置 ····································· 186
　　任务三　生成离线轨迹程序 ··· 192
　　任务四　操作与调试离线轨迹程序 ····································· 198
参考文献 ·· 207

项目一　工业机器人概述

项目导入

随着电子技术、计算机技术、工业自动化的飞速发展,人类的体力劳动已逐渐被各种机械所取代,工业机器人的应用程度是衡量一个国家工业自动化水平的重要标志。当前,世界各国都在积极发展新的科技生产力,在未来10年,全球工业机器人行业将进入一个前所未有的高速发展期。曾有专家预言:机器人产业不论在规模上还是资本上都将大大超过今天的计算机产业。因此,了解机器人知识,具备娴熟的机器人应用技能,是衡量21世纪高素质人才的基本要素之一。

本项目主要包括机器人的发展、工业机器人应用现状及发展趋势、工业机器人的基本组成及技术参数。

学习目标

1. 知识目标

(1) 能描述工业机器人的起源、发展历程;

(2) 能阐述工业机器人的分类、应用、发展趋势;

(3) 能列举工业机器人的基本组成部分及技术参数。

2. 情感目标

(1) 增长见识、激发兴趣;

(2) 关注我国工业机器人行业,培养小组合作精神,具有为我国工业机器人的发展作出贡献的意识。

任务一　机器人的发展

任务目标

1. 知识目标
（1）了解工业机器人的起源、发展历程；
（2）列举工业机器人的发展特点。

2. 教学重点
工业机器人的发展特点。

任务知识

一、概述

工业机器人是继计算机之后出现的新一代生产工具。1954 年，美国人 George Devol 首次申请了工业机器人专利；1956 年，他和 Joseph Engelberger 成立了 Unimation 公司；1959 年，他们发明了世界上第一台工业机器人 Unimate（图 1-1-1）；1961 年 Unimate 机器人安装运行，这是一台可编程的机器人，能按照不同程序从事不同的工作，因此具有通用性和灵活性。从此以后，人类进入了使用工业机器人的时代。

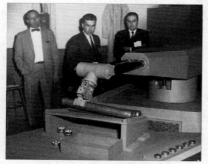

图 1-1-1　工业机器人 Unimate

从 20 世纪七八十年代开始，全球各国工业机器人产业逐渐起步，发展最成功的是日本，成为长期领跑工业机器人技术研究与应用市场的国家。20 世纪 90 年代中期是欧洲和北美工业机器人产业的崛起期，研发能力与产业规模不断增强与扩大。2008 年，全球金融危机爆发，全球经济发展放缓，全球工业机器人的销量进入低谷。2010 年，金融危机的影响逐渐消退，工业机器人产业的市场需求重拾升势，销量强劲反弹。随着全球经济的复苏，各国工业机器人的应用也在不断扩大。

根据国际机器人联合会（IFR）公布的数据，2015 年全球工业机器人市场销量进一步增长，共计 253748 台，比 2014 年增加 15%。图 1-1-2 所示为 2003—2015 年全球工业机器人销量。全球 75% 的工业机器人被销往中国、韩国、日本、美国、德国 5 个国家。图 1-1-3 所示为 2010—2014 年全球五大工业机器人使用国销售量。在五个国家中，美国是工业机器人的诞生地，日本享有"机器人王国"美誉，韩国机器人密度（每万名工人使用工业机器人的数量）最大（2015 年为 531 台，世界平均水平为 69 台），德国是欧洲最大的工业机器人使用国，中国自 2013 年起连续 3 年成为全球最大的工业机器人市场。这些统计数据的变化，体现了全球工业机器人产业蓬勃发展的趋势。

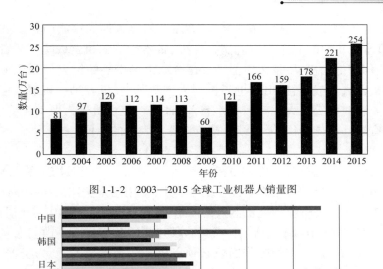

图 1-1-2　2003—2015 全球工业机器人销量图

图 1-1-3　2010—2014 年全球五大工业机器人使用国销售量

二、各国工业机器人发展简述

下面以美国、日本、德国、韩国和中国为例,对全球工业机器人使用量最大的几个国家的工业机器人发展史作简要介绍。

1. 美国

尽管世界上第一台工业机器人诞生于美国,但在 20 世纪六七十年代,美国只有几所大学和少数公司开展了工业机器人相关的研究工作,对工业机器人产业化应用不是特别重视。20 世纪 70 年代后期,美国仍将研究重点放在软件方面及军事、宇宙、海洋、核工程等领域的特种机器人研发。2008 年金融危机之后,美国提出了再工业化战略,更加注重机器人产业的发展。2013 年,美国提出了机器人发展路线图,计划攻克机器人的强适应性、可重构装配、仿人灵巧操作、自主导航、非结构化环境感知等关键技术。目前,美国军用无人机、宇宙探测器等尖端领域的机器人应用领先全球。近年来,谷歌、亚马逊等美国知名互联网公司纷纷进军机器人领域,大规模开展智能机器人的研发。

2. 日本

1967 年日本川崎重工业公司从美国 Unimation 公司引进机器人及技术,并于 1968 年试制出第一台机器人。由于产业应用的迫切需求,日本的工业机器人很快进入实用阶段。1980 年被称为日本机器人普及元年,各个领域开始使用机器人,机器人的应用由汽车业逐步扩大到其他制造业及非制造业。2013 年以前,日本保持着工业机器人产量、安装数量世界第一的地位。2012 年,日本机器人产值约为 3400 亿日元,占据全球市场份额的 50%,累计安装数量约30万台,占全球市场份额的23%。在工业机器人四大家族(瑞士ABB、德国库卡、日本发那科、日本安川)中,日本占有两席。此外,日本生产的机器人主要零部件,包括机器人精密减速器、伺服电动机、质量传感器等占据全球市场份额的绝大部分。2015年1月,日本政府公布了机器人新战略,提出了世界机器人创新基地、世界第一机器人应用国家、迈向世界领先机器人新时代等三大战略目标。目前,日本在工业机器人及其主要零部件方面依然在全世界拥有遥遥领先的优势,继续保持着机器人大国的地位。

3. 德国

德国引进工业机器人的时间比英国和瑞典晚五六年。1971年,用于戴姆勒-奔驰汽车侧板加工的第一条机器人自动焊接生产线在德国诞生,使用的是美国Unimation公司的五轴机器人。鉴于汽车工业对高可靠性能机器人的需求,德国库卡公司在1973年研制开发了第一台工业机器人。20世纪70年代中后期,当时的联邦德国政府推行了改善劳动条件计划,强制规定部分有危险、有毒、有害的工作岗位必须以机器人来代替人工,为机器人打开了应用市场。20世纪80年代,德国开始在汽车、电子等行业大量使用工业机器人。机器人不仅可以大幅降低生产成本,还可以提高产品制造精度和品质,德国也因此成了制造业强国。

2013年,德国政府推行工业4.0战略,构建智能工厂,打造智能生产。而这种智能的物理实体就是机器人,通过智能机器人、机器设备与人之间的相互合作,提高生产过程的智能性。目前,德国机器人在人机交互、机器视觉、机器互联等领域处于全球领先水平。

4. 韩国

韩国于20世纪80年代末开始大力发展工业机器人技术,在政府的资助和引导下,由现代重工集团牵头,用10年时间形成了工业机器人体系。当时韩国政府为应对本国汽车、电子产业对工业机器人的爆发性需求,以市场换技术,通过现代重工集团引进、学习日本发那科技术。2000年以后,韩国的工业机器人产业进入第二轮高速增长期。2001—2011年间,韩国机器人装机总量年均增速高达11.7%,其工业机器人使用密度不断增大,工业机器人的自给率也不断提高。目前,韩国的工业机器人生产商已占全球5%左右的市场份额。2012年,韩国公布了机器人未来战略2022,通过推动机器人与各个领域的融合应用,将机器人打造成支柱产业,计划到2022年实现机器人遍及社会各角落的愿景。

5. 中国

中国工业机器人产业的发展始于20世纪70年代,当时科技部将工业机器人列入了科技攻关计划,机械工业部牵头组织了点焊、弧焊、喷漆、搬运等领域的工业机器人攻关,其他部委也积极立项支持,形成了中国工业机器人研发的第一次高潮。之后,由于市场需求等诸多原因,机器人自主研发和产业化经历了长期的停滞。2010年以后,中国机器人装机容量逐年递增,开始面向机器人全产业链发展。2005—2014年间,中国工业机器人市场销售的年均复合增长率高达32.9%。

目前,中国的工业机器人仍然以组装为主,主要的核心零部件严重依赖进口,国产工业机器人主要应用在低端市场。2013年,工业和信息化部发布了《工业和信息化部关于推进工业机器人产业发展的指导意见》,提出要在2020年建立完整的机器人产业体系。2015年5月,国务院发布了《中国制造2025》,明确将机器人作为制造业重点突破的领域之一,力争在机器人关键零部件及系统集成设计、制造等领域取得突破。

三、全球工业机器人发展特点分析

工业机器人是服务于工业制造领域的高端自动化装备,其产业的发展受到制造业行业应用需求、产业政策、技术基础、技术创新等多方面因素的影响。

1. 应用驱动特征

从历史数据可以看出,各国工业机器人发展均与其国内的汽车、电子等行业快速发展对高效率制造设备的需求密切相关。根据IFR的数据,2015年汽车行业的工业机器人应用量达到97500台,占全球工业机器人应用量的35%,连续5年创工业机器人行业使用量的新高。2013—2015年全球工业机器人各行业应用情况如图1-1-4所示。目前工业机器人安装量最大的五个国家同时也是全球汽车生产大国,根据世界汽车组织(OICA)发布的数据,2015年五国的汽车产量占全球总产量的62%,如图1-1-5所示。

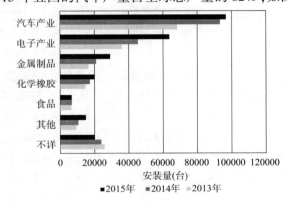

图1-1-4　2013—2015年全球工业机器人各行业应用情况

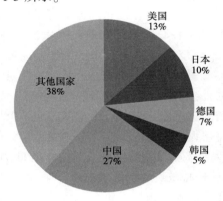

图1-1-5　2015年全球汽车生产量情况

近年来随着全球汽车产业发展速度放缓,在工业机器人发展增长最快的亚洲地区,电子产业对工业机器人的需求在2015年首次超过汽车产业,成为工业机器人用量最多的产业。根据相关数据,2015年亚洲地区电子产业的工业机器人用量达到54500台,同比增长41%,而汽车领域的用量仅增长4%。同时,最近5年来电子信息产业领域的工业机器人用量已经翻番,有力地带动了全球工业机器人产业的发展。

2. 政府产业政策具有决定性影响

纵观各国工业机器人发展的历史,每个国家的产业政策对本国工业机器人产业发展的影响力是巨大的,甚至起决定性作用。以美国、日本、英国的对比为例,美国是工业机器人的诞生地,但没有成为领袖;后起的日本却成为工业机器人王国;而老牌的工业强国——英国,在工业机器人领域却鲜有人提起。

20世纪六七十年代,美国失业率很高,政府因担心发展机器人会造成更多人失业,因此并未重点发展工业机器人产业,既未投入财政支持,也未组织研制机器人。美国企业在这样的政策引导下,也不愿冒风险去应用或制造机器人,因而错过了发展良机,致使日本的工业机器人产业后来居上。

与美国相反,日本成为工业机器人王国在很大程度上得益于政府的大力扶持。日本在引进美国技术的基础上,快速进行技术研究与大规模应用推广。多年来,日本政府一直积极推动和鼓励机器人的研制与应用。政府对中小企业采取了诸多经济优惠政策,如由政府银行提供优惠的低息资金,鼓励集资成立机器人长期租赁公司,公司出资购入机器人后长期租给用户,使用者每月只需支付较低廉的租金,这样一来就大大减轻了企业购入机器人所需的资金负担。此外,政府还出资免费对小企业进行应用机器人的专门知识和技术培训指导。2002年,日本企业开始实施"21世纪机器人挑战计划",将机器人作为高端产业加以扶持。2004年,日本发布面向新产业的结构报告,将机器人列为重点产业。2005年,日本在制订的新兴产业促进战略中再次将机器人列为七大新兴产业之一。

英国作为老牌工业技术强国,在工业机器人研发与应用方面远远落后于德国、法国、瑞典、西班牙等国。20世纪70年代初,出于担心机器换人会带来社会失业等问题,英国科学研究委员会颁布了否定人工智能和机器人的报告,英国政府对工业机器人实施了限制发展的严厉措施。这个错误决策导致英国的机器人工业一蹶不振,使英国机器人工业几乎处于西欧末位。从IFR发布的数据可见,2015年英国的工业机器人安装量相当于德国的1/12、意大利的1/4、西班牙的1/2,在欧洲工业机器人的研究与应用方面处于中游水平。

3. 发展模式与技术基础密切相关

美国作为工业机器人的发源地,技术力量雄厚,但由于产业政策的原因而错失全面发展的机会,存在着重理论轻应用的现象。在工业机器人四大家族的格局基本形成后,美国在擅长的信息网络、视觉、力觉等方面予以加强,逐渐占领了部分国内工业机器人市场,并在智能机器人研发方面处于全球领先地位,涌现出许多创新能力强的机器人公司。美国机器人商业评论公布的2016年全球最具影响力50家机器人公司名单中,美国公司占有24席,包括3D Robotics、Aethon、Amazon、Google、ASI、Carbon Robotics、CANVAS Technology等,这些公司在机器人创新技术研究方面具备全球影响力。

日本作为全球工业机器人的领先者,依托在数控系统、伺服电动机等方面的优势,成为工业机器人全产业链推进的典范,各领域均有多家知名公司。在整机方面,发那科从研发数控系统起家,其数控系统的市场份额位居全球第一。安川成立于1915年,是一家有百年历史的企业,其伺服电动机与变频器的市场份额位居世界第一。松下公司以焊接机器人著称,川崎公司则在造船等行业应用表现突出。在减速器方面,纳博特斯克在中重负荷机器人上的RV减速器市场占有率高达90%。此外,哈默纳科、住友也是减速器的世界知名品牌。

韩国从日本发那科引进技术,开始研发工业机器人,利用其在半导体、电子等方面的技术优势,积极发展国产工业机器人产业并首先应用于本国的汽车与电子市场。韩国的工业机器人由现代重工牵头研发,而三星公司则是一家大型跨国与跨界公司,因此,目前在韩国出现了现代重工与三星双雄并进的独特现象。

德国的工业分工很细,制造业以严谨著称,赛威减速器、弗兰德减速器等都是世界知名的减速器品牌。德国工业机器人公司的零部件大部分是外购的,公司专注于具体细分行业的工业机器人集成及应用开发。2015年,德国库卡公司在汽车领域的工业机器人应用在全球市场排名第一。

中国在工业机器人领域基础研究能力相对较弱,走的是引进、消化吸收、再创新的道路。目前汽车、电子等应用领域的工业机器人由国外知名品牌垄断,国产机器人主要面向精度要求不高的领域,如码垛、搬运、上下料等。中国未来要走自主创新的道路,必须突破工业机器人关键零部件的技术瓶颈。如今,中国已有一批从事工业机器人及核心零部件研发、生产与集成服务的上市公司,如新松、新时达、博实、汇川、秦川、巨轮等。

4. 技术创新是产业发展的重要保证

根据全球工业机器人2003—2013年专利分析的研究结果,各国技术创新主体最重视在所属地申请专利,工业机器人全球专利技术数量与来源国数据统计见表1-1-1。日本是世界工业机器人技术的第一来源国和第一技术输出国,其次是美国与德国,它们是名副其实的工业机器人强国。在全球专利申请排名前25位的申请人中,日本企业占了21席,前10位公司是安川、发那科、本田、三菱重工、松下、索尼、丰田、东芝、电装与日立。其他国家的企业有瑞士ABB,排名第11位;韩国三星,排名第12位;德国西门子与库卡,排名第16位与第23位;中国台湾鸿海,排名第21位。各企业申请量的排名在一定程度上反映了企业技术创新能力。从专利申请的情况,可大致看出各国在工业机器人技术领域中的研究差距。要保持技术与市场的领先,技术创新是不可或缺的关键环节。

2003—2013年工业机器人全球专利 表1-1-1

专利国	来源国				
	日本	中国	美国	德国	韩国
日本	31506	11	563	302	59
美国	2727	61	5204	649	217
德国	1412	68	1237	2569	124
韩国	845	7	198	92	3382
中国	558	927	118	84	29

日本工业机器人专利申请量的变化在很大程度上左右了全球工业机器人专利申请量的变化。从20世纪80年代初期起,日本就已成为全球第一大工业机器人专利受理国。进入21世纪,日本、美国、德国的工业机器人专利申请量均比之前有大幅提升,同时,韩国和中国等工业机器人新秀迅速崛起,全球工业机器人专利申请量进入新一轮快速增长期。

自1961年第一台工业机器人应用以来,全球工业机器人的数量不断增加。根据IFR的数据,全球工业机器人的保有量从2014年底的1480800台增长至2018年底的2327000台,在2015—2018年间达到年均12%的增长率。总体而言,全球目前已安装的工业机器人数量规模还不算很大,还有较大的发展空间。对于中国而言,工业机器人产业迎来了千载难逢的发展机遇,同时也正面临着极其残酷的全方位挑战。

任务二　工业机器人应用现状及发展趋势

1. 知识目标

(1)列举工业机器人的分类;

(2)描述工业机器人的应用现状；
(3)掌握工业机器人的发展趋势。

2. 教学重点

工业机器人的发展趋势。

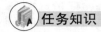任务知识

一、工业机器人的分类

工业机器人是用于工业生产环境的机器人总称。我国的 GB/T 12643—2013 标准参照 ISO(国际标准化组织)、RIA(美国机器人协会)的相关标准,将其定义为:工业机器人是一种能够自动定位控制,可重复编程的、多功能的、多自由度的操作机,能搬运材料、零件或操持工具,用于完成各种作业。工业机器人的种类很多,其功能、特征、驱动方式、应用场合等参数不尽相同。目前,国际上还没有形成机器人的统一划分标准。

(一)按用途和功能分类

根据工业机器人的用途和功能,可分为加工、装配、搬运、包装四类。在此基础上,还可对每类进行细分,见表 1-2-1。通过机器人的应用领域来划分机器人是最通俗易懂的方式。

表 1-2-1 2003—2013 年工业机器人分类

工业机器人	加工类	焊接机器人
		研磨抛光机器人
	装配类	装配机器人
		涂装机器人
	搬运类	输送机器人
		装卸机器人
	包装类	分拣机器人
		码垛机器人
		包装机器人

(二)按机器人的结构特征

机器人的结构形式多种多样,典型运动特征要通过其坐标特性进行描述。按结构特征分类,工业机器人通常可以分为直角坐标机器人、柱面坐标机器人、球面坐标机器人(又称极坐标机器人)、多关节机器人以及并联机器人等,如图 1-2-1 所示。

1. 直角坐标机器人

直角坐标机器人是指在工业应用中,能够实现自动控制、可重复编程、在空间上具有相互垂直关系的、三个独立自由度的多用途机器人,其结构如图 1-2-2 所示。

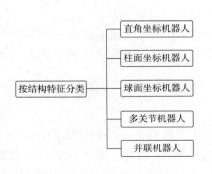

图 1-2-1　按机器人结构特征分类

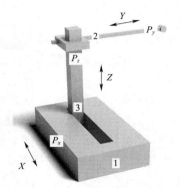

图 1-2-2　直角坐标机器人的结构

从图 1-2-2 中可以看出,机器人在空间坐标系中有三个相互垂直的移动关节 X、Y、Z,每个关节都可以在独立的方向移动。

直角坐标机器人的优点是直线运动、控制简单;缺点是灵活性较差,自身占据空间较大。

目前,直角坐标机器人可以非常方便地用于各种自动化生产线中,可以完成诸如焊接、搬运、上下料、包装、码垛、检测、探伤、分类、装配、贴标、喷码、打码、喷涂、目标跟随以及排爆等一系列工作。

2. 柱面坐标机器人

柱面坐标机器人是指能够形成圆柱坐标系的机器人,如图 1-2-3 所示。其结构主要由一个旋转机座形成的转动关节和垂直、水平移动的两个关节构成。柱面坐标机器人末端执行器的位姿由参数 (Z, Y, θ) 决定。

柱面坐标机器人具有空间结构小、工作范围大、末端执行器速度快、控制简单、运动灵活等优点;其缺点是工作时,必须有沿 Y 轴线前后方向的移动空间,空间利用率低。

目前,柱面坐标机器人主要用于重物的装卸、搬运等工作。著名的 Versatran 机器人就是一种典型的柱面坐标机器人。

3. 球面坐标机器人

球面坐标机器人的结构如图 1-2-4 所示,一般由两个回转关节和一个移动关节构成。其轴线按极坐标配置,R 为移动坐标,β 是手臂在铅垂面内的摆动角度,θ 是绕手臂支承底座垂直轴的转动角度。这种机器人所有运动轨迹形成的表面是半球面,所以称为球面坐标机器人。

球面坐标机器人占用空间小,操作灵活且范围大,但运动学模型较复杂,难以控制。

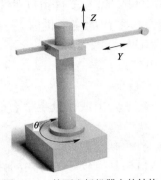

图 1-2-3　柱面坐标机器人的结构

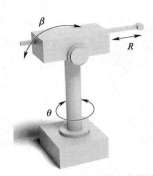

图 1-2-4　球面坐标机器人的结构

4. 多关节机器人

关节机器人也称关节手臂机器人或关节机械手臂,是当今工业领域中应用最为广泛的一种机器人。多关节机器人根据关节构造的不同形式,又可分为垂直多关节机器人和水平多关节机器人。

垂直多关节机器人主要由机座和多关节臂组成,目前常见的关节臂数是3~6个。某品牌六关节臂机器人的结构如图1-2-5所示。

由图1-2-5可知,这类机器人由多个旋转和摆动关节组成。其结构紧凑,工作空间大,动作接近人类,工作时能绕过机座周围的一些障碍物,对装配、喷涂、焊接等多种作业都有良好的适应性,且适合电动机驱动,较容易对关节进行密封防尘。目前,瑞士ABB、德国库卡、日本安川以及国内的一些公司都在研发这类产品。

水平多关节机器人也称为SCARA(Selective Compliance Assembly Robot Arm)机器人,其结构如图1-2-6所示。这类机器人一般具有4个轴和4个运动自由度,它的第一、二、三轴都具有转动特性,而第四轴则具有线性移动的特性。此外,第三轴和第四轴还可以根据工作需求,形成多种不同的形态。

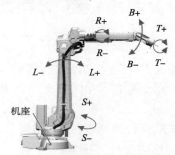

图1-2-5　六关节臂机器人的结构

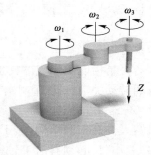

图1-2-6　水平多关节机器人的结构

水平多关节机器人的特点是作业空间与占地面积比很大,使用方便;在垂直升降方向的刚性好,尤其适合平面装配作业。

目前,水平多关节机器人广泛应用于电子产品工业、汽车工业、塑料工业、药品工业和食品工业等领域,用以完成搬取、装配、喷涂和焊接等操作。

5. 并联机器人

并联机器人因其形似八脚蜘蛛所以又被称为蜘蛛手机器人,是近年来发展起来的一种机器人。它是一种由固定机座和若干自由度的末端执行器,以不少于两条独立运动链连接形成的新型机器人。图1-2-7所示为6个自由度的并联机器人。

图1-2-7　并联机器人

并联机器人具有以下特点:
(1)无积累误差,精度较高。
(2)驱动装置可置于定平台上或接近定平台的位置;运动部分质量小,速度快,动态响应好。
(3)结构紧凑,刚度高,承载能力大。
(4)完全对称的并联机构具有较好的各向同性。
(5)工作空间较小。

并联机器人广泛应用于装配、搬运、上下料、分拣、打磨、雕刻等需要高刚度、高精度或者大负载而无须很大工作空间的场合。

(三) 按控制方式划分

根据控制方式的不同,工业机器人可以分为伺服控制机器人和非伺服控制机器人两种。伺服系统是机器人运动控制系统最常见的方式,它是指精确地跟随或复现某个过程的反馈控制系统。在很多情况下,机器人伺服系统的作用是驱动机器人的机械手准确地跟随系统输出位移指令,达到位置的精确控制和轨迹的准确跟踪。

伺服控制机器人又可细分为连续轨迹控制机器人和点位控制机器人。点位控制机器人的运动为空间中点到点之间的直线运动。连续轨迹控制机器人的运动轨迹则可以是空间的任意连续曲线。

(四) 按驱动方式划分

根据能量转换方式的不同,工业机器人驱动类型可以划分为气压驱动、液压驱动、电力驱动和新型驱动四种类型。

1. 气压驱动

气压驱动机器人是通过压缩空气来驱动执行机构的。这种驱动方式的优点是空气来源方便,动作迅速,结构简单。缺点是工作的稳定性与定位精度不高,抓力较小,所以常用于负载较小的场合。

2. 液压驱动

液压驱动机器人是通过使用液体油液来驱动执行机构的。与气压驱动相比,液压驱动机器人具有大得多的负载能力,其结构紧凑,传动平稳,但液体容易泄漏,不宜在高温或低温场合作业。

3. 电力驱动

电力驱动机器人是通过利用电动机产生的转矩驱动执行机构的。目前,越来越多的机器人采用电力驱动的驱动方式,电力驱动的特点是易于控制,运动精度高,成本低。

电力驱动又可分为步进电动机驱动、直流伺服电动机驱动及无刷伺服电动机驱动等方式。

4. 新型驱动

伴随着机器人技术的发展,出现了利用新的工作原理制造的新型驱动器,如静电驱动器、压电驱动器、形状记忆合金驱动器、人工肌肉及光驱动器等。

二、应用现状

(一) 产品的应用

1. 加工类

加工机器人是直接用于工业产品加工作业的工业机器人,目前主要应用于焊接、切割、折弯、冲压、研磨、抛光等加工作业。此外,也有部分用于建筑、木材、石材、玻璃等行业进行切割、研磨、抛光的加工机器人。

焊接、切割、研磨、抛光加工环境恶劣,加工时所产生的强弧光、高温、烟尘、飞溅、电磁干扰等都不利于人体健康。这些行业采用机器人自动作业,不仅可改善工作环境,避免加工过程对人体造成伤害,而且机器人还可自动连续工作,提高工作效率和改善加工质量。

焊接机器人是目前工业机器人中产量最大、应用最广的产品,被广泛用于汽车、铁路、航空航天、军工、冶金、电器等行业。自1969年美国通用汽车公司在Lordstown汽车组装生产线上装备首台汽车点焊机器人以来,机器人焊接技术已日臻成熟。机器人的自动化焊接作业,可提高生产效率、确保焊接质量、改善劳动环境,也是当前工业机器人应用的主要方向之一。

材料切割是工业生产不可缺少的加工过程,从传统的金属材料火焰切割、等离子切割到可用于多种材料的激光切割加工,都可以通过机器人完成。目前,薄板类材料的切割大多采用数控火焰切割机、数控等离子切割机和数控激光切割机等数控机床加工。但异形、大型材料或船舶、车辆等大型废旧设备的切割,已开始逐步使用工业机器人。

研磨、抛光机器人主要用于汽车、摩托车、工程机械、家具建材、电子电气、陶瓷卫浴等行业的表面处理。使用研磨、抛光机器人不仅能使操作者远离高温、粉尘、有毒、易燃、易爆的工作环境,而且能够提高加工质量和生产效率。

2. 装配类

装配机器人是将不同零件组合成部件或成品的工业机器人,常用的主要有装配和涂装两大类。

计算机(Computer)、通信(Communication)和消费性电子(Consumer Electronic)行业(简称3C行业)是目前装配机器人最大的应用市场。3C行业是典型的劳动密集型产业,采用人工装配,不仅需要使用大量的员工,而且操作工人的工作重复、频繁,劳动强度极大,人力难以承受。此外,随着电子产品不断趋向于轻薄化、精细化,产品对零部件装配的精细程度日益提高,部分作业人力已经无法完成。

涂装机器人用于部件或成品的油漆、喷涂等表面处理,这类处理通常含有危害人体健康的气体。采用机器人自动作业后,不仅可改善工作环境,避免有害、有毒气体的危害,其还可自动连续工作,提高工作效率和加工质量。

3. 搬运类

搬运机器人是从事物体移动作业的工业机器人的总称,主要有输送机器人和装卸机器人两大类。

工业生产中的输送机器人以无人搬运车(Automated Guided Vehicle, AGV)为主。AGV具有自身计算机控制系统和路径识别传感器,能够自动行走和定位停止,可广泛应用于机械、电子、纺织、卷烟、医疗、食品、造纸等行业的物品搬运和输送。在机械加工行业,AGV大多用于无人化工厂、柔性制造系统的工件、刀具搬运和输送。它通常需要与自动化仓库、刀具中心、数控加工设备及柔性加工单元的控制系统互联,以构成无人化工厂、柔性制造系统的自动化物流系统。

装卸机器人多用于机械加工设备的上下料,它常和数控机床组合,以构成柔性加工单元,从而成为无人化工厂、柔性制造系统的一部分。装卸机器人还经常用于冲剪、锻压、铸造等设备的上下料,以替代人工完成高风险、高温等恶劣环境下的作业。

4. 包装类

包装机器人是用于物品分类、成品包装、码垛的工业机器人,主要有分拣、包装和码垛三类。

3C 行业和化工、食品、饮料、药品工业是包装机器人的主要应用领域。3C 行业的产品产量大、周转速度快,成品包装任务繁重;化工、食品、饮料、药品包装由于行业的特殊性,人工作业涉及安全、卫生、清洁、防水、防菌等方面的问题。因此,这些行业需要大量地应用装配机器人来完成物品的分拣、包装和码垛作业。

(二) 产品产量

根据国际机器人联合会(IFR)公布的统计数据,2005—2014 年全球工业机器人的生产情况如图 1-2-8 所示。

该统计数据反映,自 2010 年以来,全球工业机器人的生产销售基本呈逐年增长的趋势,其中以 2014 年的增长幅度最大。据美国《华尔街日报》网站 2015 年 4 月的报道,2014 年全球工业机器人的销量达到了 22.5 万台,较 2013 年增长 54%。

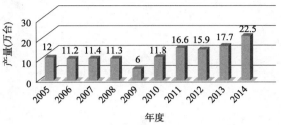

图 1-2-8　2005—2014 年全球工业机器人生产情况

全球工业机器人的销售增长,在很大程度上得益于中国市场的成长。图 1-2-9 为中国机器人产业联盟发布以及来自美国《华尔街日报》报道的统计数据。统计表明,2013 年中国市场的工业机器人销售接近 3.7 万台,约占全球销量(17.7 万台)的 1/5;到了 2014 年,年销售达到了 5.7 万台,占全球销量(22.5 万台)的 1/4。

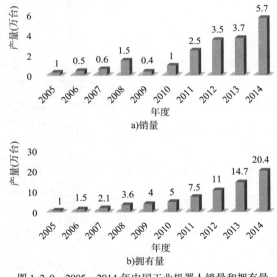

图 1-2-9　2005—2014 年中国工业机器人销量和拥有量

(三) 应用领域

根据国际机器人联合会(IFR)等部门的最新统计,当前工业机器人的应用行业分布情况大致如图 1-2-10 所示。其中,汽车制造业、电子电气工业、金属制品及加工业是目前工业机器人的主要应用领域。

汽车及汽车零部件制造业历来是工业机器人用量最大的行业,其使用量长期保持在工业机器人总用量的40%以上。使用的种类以加工、装配类机器人为主,是焊接、研磨、抛光及装配、涂装机器人的主要应用领域。

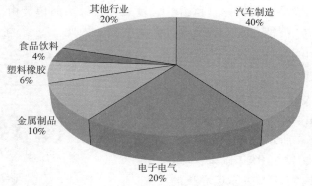

图1-2-10 工业机器人的应用行业分布情况

电子电气(包括计算机、通信、家电、仪器仪表等)是工业机器人应用的另一主要行业,其使用量也保持在工业机器人总量的20%以上,使用的主要种类为装配类、包装类机器人。

金属制品及加工业的机器人用量大致占工业机器人总量的10%左右,使用的种类主要为搬运类机器人。

建筑、化工、橡胶、塑料以及食品、饮料、药品等其他行业的机器人用量占工业机器人总用量的10%以下;橡胶、塑料、化工、建筑行业使用的机器人种类较多;食品、饮料、药品行业使用的机器人通常以加工类、包装类为主。

三、发展趋势

工业机器人在许多生产领域的应用实践证明,它在提高生产自动化水平、劳动生产率、产品质量、经济效益以及改善工人劳动条件等方面作用显著。随着科学技术的进步,机器人产业必将得到更快速的发展,工业机器人也将得到更广泛的应用。

1. 技术发展趋势

在技术发展方面,工业机器人正向结构轻量化、智能化、模块化和系统化的方向发展。未来主要的发展趋势如下:

(1) 机器人结构的模块化和可重构化。
(2) 控制技术的高性能化和网络化。
(3) 控制软件架构的开放化和高级语言化。
(4) 伺服驱动技术的高集成度和一体化。
(5) 多传感器融合技术的集成化和智能化。
(6) 人机交互界面的简单化和协同化。

2. 应用发展趋势

自工业机器人诞生以来,汽车行业一直是其应用的主要领域。2014年,北美机器人工业协会在年度报告中指出,汽车行业仍然是北美机器人最大的应用市场,但其在电子、电气、金属加工、化工、食品等行业的出货量也增速迅猛。由此可见,未来工业机器人的应用将依托汽车产业,迅速向各行业延伸。对于机器人行业而言,这是一个非常积极的信号。

3. 产业发展趋势

国际机器人联合会公布的数据显示,2014年全球机器人销量22.5万台,亚洲的销量占到2/3,中国市场的机器人销量近45500台。到目前为止,全球的主要机器人市场集中在亚洲、大洋洲、欧洲及北美,累计安装量已达200万台。工业机器人的时代即将来临,并将在智能制造领域掀起一场变革。

任务三　工业机器人的基本组成及技术参数

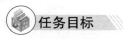

1. 知识目标

(1) 了解工业机器人的基本组成;

(2) 描述工业机器人的基本参数。

2. 教学重点

工业机器人的基本参数。

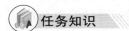

一、工业机器人的基本组成

一台通用的工业机器人从体系结构来看,可以分为三部分:机器人本体、控制器与控制系统(包括示教器),具体结构如图1-3-1所示。

(一) 机器人本体

1. 机械臂

大部分工业机器人为关节型机器人,关节型机器人的机械臂是由若干个机械关节连接在一起的集合体。图1-3-2所示为典型的六关节工业机器人,由机座、腰部(关节1)、大臂(关节2)、肘部(关节3)、小臂(关节4)、腕部(关节5)和手部(关节6)构成。

(1) 机座。

机座是机器人的支承部分,内部安装有机器人的执行机构和驱动装置。

(2) 腰部。

腰部是连接机器人机座和大臂的中间支承部分。工作时,腰部可以通过关节1在机座上转动。

(3) 臂部。

六关节机器人的臂部一般由大臂和小臂构成,大臂通过关节2与腰部相连,小臂通过肘关节3与大臂相连。工作时,大、小臂各自通过关节电动机转动,实现移动或转动。

(4) 手腕。

手腕包括手部和腕部,是连接小臂和末端执行器的部分,主要用于改变末端执行器的空间位姿,联合机器人的所有关节实现机器人的动作和状态。

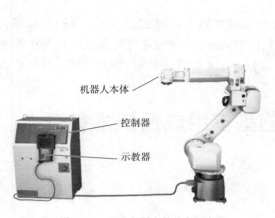
图 1-3-1 工业机器人的基本组成

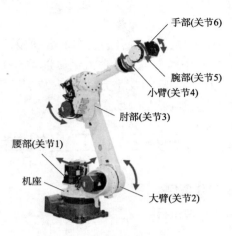
图 1-3-2 典型的六关节工业机器人

2. 驱动与传动装置

工业机器人的机座、腰部关节、大臂关节、肘部关节、小臂关节、腕部关节和手部关节构成了机器人的外部结构或机械结构。机器人运动时,每个关节的运动通过驱动装置和传动机构实现。图 1-3-3 所示为机器人运动关节的组成,要构成多关节机器人,其每个关节的驱动及传动装置缺一不可。

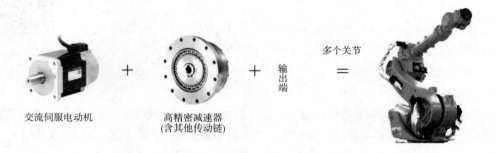

图 1-3-3 机器人运动关节的组成

驱动装置是向机器人各机械臂提供动力和运动的装置;传动装置则是向机器人各机械臂提供扭矩和转速的装置。不同类型的机器人,采用的动力源不同,驱动系统的传动方式也不同。驱动系统的传动方式主要有液压式、气压式、电力式和机械式四种。其中,电力驱动是目前使用最多的一种驱动方式,其特点是电源取用方便,响应快,驱动力大及信号传递、检测、处理方便,并可以采用多种灵活的控制方式。驱动电动机一般采用步进电动机或伺服电动机,目前也有采用力矩电动机的案例,但是造价较高,控制也较为复杂。和电动机相配的减速器一般采用谐波减速器、摆线针轮减速器或行星轮减速器。

为了检测作业对象及工作环境,研制人员在工业机器人上安装了诸如触觉传感器、视觉传感器、力觉传感器、接近传感器、超声波传感器和听觉传感器等设备。这些传感器可以大大改善机器人的工作状况和工作质量,使其能充分地完成复杂的工作。

(二)控制器与控制系统

控制系统是工业机器人的神经中枢,由计算机硬件、软件和一些专用电路、控制器、驱动器等构成。工作时,机器人本体根据控制系统中编写的指令及传感信息的内容,完成一定的动作或路径。因此,控制系统主要用于处理机器人工作的全部信息。控制柜内部结构如图1-3-4所示。

要实现对机器人的控制,除了需要计算机硬件系统外,还必须有相应的软件控制系统。通过软件控制系统,我们可以方便地建立、编辑机器人控制程序。目前,世界各大机器人公司都已经拥有自己完善的软件控制系统。

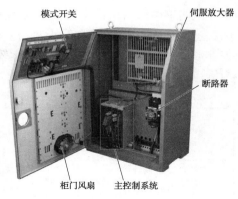

图1-3-4 控制柜内部结构

(三)示教器

示教器是人机交互的一个接口,也称示教盒或示教编程器,主要由液晶屏和可供触摸的操作按键组成。操作时由控制者手持设备,通过按键将需要控制的全部信息通过与控制器连接的电缆送入控制柜的存储器中,实现对机器人的控制。示教器是机器人控制系统的重要组成部分,操作者不仅可以通过示教器进行手动示教,控制机器人到达不同位姿,并记录各位姿点的坐标;还可以利用机器人编程语言进行在线编程,实现程序回放,让机器人按照编写好的程序完成轨迹运动。

示教器上设有对机器人进行示教和编程所需的操作键和按钮。一般情况下,不同机器人厂商的示教器的外观各不相同,但一般都包含中间的液晶显示区、功能按键区、急停按钮和出入线口。图1-3-5所示为某品牌机器人的示教器外观。

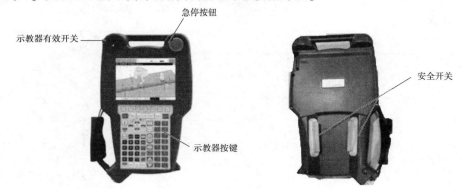

图1-3-5 某品牌机器人的示教器外观

二、工业机器人主要技术参数及性能

(一)主要技术参数

1.基本参数

由于机器人的结构、用途和要求不同,机器人的性能也有所不同。一般而言,机器人样本和说明书中所给出的主要技术参数有控制轴数(自由度)、承载能力、工作范围(作业空间)、运动速度、位置精度等。此外,还有安装方式、防护等级、环境要求、供电电源要求、机器人外形尺寸和重量等与使用、安装、运输相关的其他参数。以发那科机器人 LR Mate 200iD 为例,其主要技术参数表见表1-3-1。

LR Mate 200iD 主要技术参数　　　　　　　　　　表1-3-1

机型		LR Mate 200iD LR Mate 200iD/7C LR Mate 200iD/7WP	LR Mate 200iD/7H
控制轴数		6轴	5轴
可达半径		717mm	
动作范围 (最高速度)	J1轴	340°/360°(选项)(450°/s) 5.93rad/6.28rad(选项)(7.85 rad/s)	
	J2轴	245°(380°/s) 4.28rad(6.63rad/s)	
	J3轴	420°(520°/s) 7.33rad(9.08rad/s)	
	J4轴	380°(550°/s) 6.63rad(9.60rad/s)	250°(545°/s) 4.36rad(9.51rad/s)
	J5轴	250°(545°/s) 4.36rad(9.51rad/s)	720°(1500°/s) 12.57 rad(26.18rad/s)
	J6轴	720°(1000°/s) 12.57rad(17.45rad/s)	
手腕部可搬运质量		7kg	
手腕允许负载转矩	J4轴	16.6N·m	
	J5轴	16.6N·m	4.0N·m 5.5N·m(选项)
	J6轴	9.4N·m	—
手腕允许负载 转动惯量	J4轴	0.47kg·m²	
	J5轴	0.47kg·m²	0.046kg·m² 0.15kg·m²(选项)
	J6轴	0.15kg·m²	—
重复定位精度		±0.02mm	
机器人质量		25kg	24kg
安装条件		环境温度:0℃~45℃ 环境温度:通常在75%RH以下(无结露现象) 短期在95%RH以下(1个月之内) 振动加速度:4.9m/s²(0.5G)以下	

2. 作业空间和安装要求

由于垂直串联机器人工作范围是不规则球体,为了便于说明,产品样本中一般需要提供如图 1-3-6 所示的详细作业空间图。

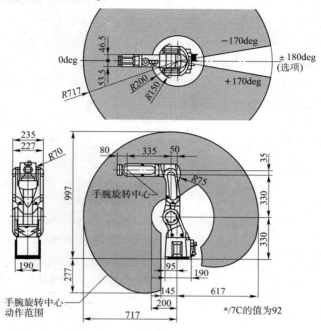

图 1-3-6　LR Mate 200iD/7C 的作业空间(单位:mm)

机器人的安装方式与规格、结构形态等有关。一般而言,大中型机器人通常需要采用底面安装;并联机器人则多数为倒置安装;水平串联和小型垂直串联机器人则可采用底面、壁挂、倒置、框架、倾斜等多种方式安装。

3. 分类性能

工业机器人的性能与机器人的用途、作业要求、结构形态等有关。不同用途机器人常见的结构形态及对控制轴数(自由度)、承载能力、重复定位精度等主要技术指标的要求见表 1-3-2。

各类机器人的主要技术指标要求　　　　表 1-3-2

类　别		常见形态	控制轴数	承载能力(kg)	重复定位精度(mm)
加工类	弧焊、切割	垂直串联	6～7	3～20	0.05～0.1
	点焊	垂直串联	6～7	50～350	0.2～0.3
装配类	通用装配	垂直串联	4～6	2～20	0.05～0.1
	电子装配	SCARA	4～5	1～5	0.05～0.1
	涂装	垂直串联	6～7	5～30	0.2～0.5
搬运类	装卸	垂直串联	4～6	5～200	0.1～0.3
	输送	AGV	—	5～6500	0.2～0.5
包装类	分拣、包装	垂直串联、并联	4～6	2～20	0.05～0.1
	码垛	垂直串联	4～6	5～1500	0.5～1

(二)工作范围与承载能力

1. 工作范围

工作范围又称作业空间,它是机器人在未安装末端执行器时,其手腕参考点所能到达的空间。工作范围越大,机器人的作业区域也越大。作业范围的形状和大小是十分重要的,机器人在执行某作业时可能会因存在手部不能到达的盲区而不能完成任务,因此在选择机器人执行任务时,一定要合理选择符合当前作业范围的机器人。

作业范围的大小不仅与机器人各连杆的尺寸有关,而且与机器人的总体结构形式有关。对于常见的典型结构机器人,其作业空间如下。

(1)全范围作业机器人。

不同结构形态的机器人中(图1-3-7),直角坐标机器人、并联机器人、水平串联机器人通常无运动干涉区,机器人能够在整个工作范围内进行作业。直角坐标机器人的作业空间为实心立方体;并联机器人的作业空间为锥底圆柱体;水平串联机器人的作业空间为圆柱体。

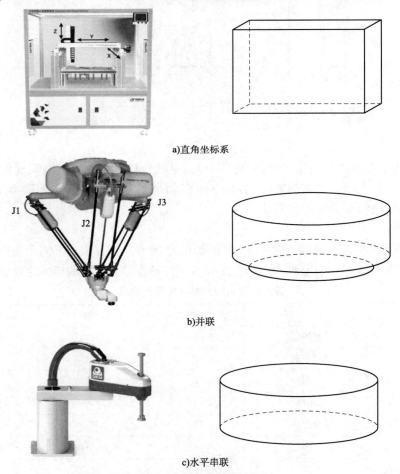

a)直角坐标系

b)并联

c)水平串联

图1-3-7 全范围作业机器人

(2)部分范围作业机器人。

如图1-3-8所示,圆柱坐标、球坐标和垂直串联机器人的工作范围,需要去除机器人的运动干涉区,因此只能进行部分空间作业。圆柱坐标机器人由于摆动轴存在运动死区,其作业范围为部分圆柱体。球坐标机器人其摆动轴和回转轴均存在运动死区,作业范围为部分球体。垂直串联机器人其摆动轴存在运动死区,作业范围为不规则球体。

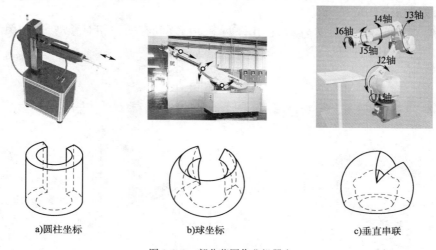

a)圆柱坐标　　　　b)球坐标　　　　c)垂直串联

图 1-3-8　部分范围作业机器人

2. 承载能力

承载能力是指机器人在作业范围内的任何位姿上所能承受的最大重量。承载能力不仅取决于负载的重量,而且与机器人的运行速度和加速度的大小与方向有关。根据承载能力的不同,工业机器人大致分为以下几种:

（1）微型机器人——承载能力为 10N 以下。
（2）小型机器人——承载能力不超过 10~50N。
（3）中型机器人——承载能力为 50~300N。
（4）大型机器人——承载能力为 300~500N。
（5）重型机器人——承载能力为 500N 以上。

（三）自由度

机器人的自由度是描述物体运动所需要的独立坐标数以及机器人动作灵活的尺度。一般以轴的直线移动、摆动或旋转动作的数目来表示,手部的动作不包括在内。物体在三维空间有 6 个自由度,如图 1-3-9 所示。

1. 机器人的关节类型

在机器人结构中,两相邻的连杆之间有一个公共的轴线,两杆之间允许沿该轴线相对移动或绕该轴线相对转动,构成一个关节。机器人关节的种类决定了机器人的运动自由度,转动关节、移动关节、球面关节和虎克铰关节是机器人结构中经常使用的关节类型。

转动关节通常用字母 R 表示,它允许两相邻连杆绕着关节轴线做相对转动,转角为 θ,这种关节有 1 个自由度,如图 1-3-10a 所示。

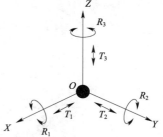

图 1-3-9　三维空间的 6 个自由度

移动关节通常用字母 P 表示,它允许两相邻连杆沿关节轴线做相对移动,移动距离为 d,这种关节有 1 个自由度,如图 1-3-10b)所示。

球面关节常用字母 S 表示,它允许两连杆之间有三种独立的相对转动,这种关节具有 3 个自由度,如图 1-3-10c)所示。

虎克铰关节通常用字母 T 表示,它允许两个连杆之间有两种相对移动,这种关节有两个自由度,如图 1-3-10d)所示。

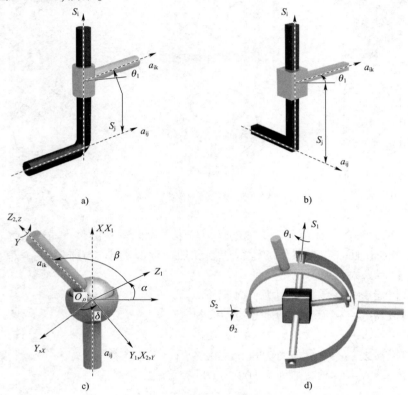

图 1-3-10 机器人的关节类型

2. 直角坐标机器人的自由度

直角坐标机器人有 3 个自由度,如图 1-3-11 所示。直角坐标机器人臂部的三个关节都是移动关节,各关节轴线相互垂直。其臂部可沿 X、Y、Z 3 个方向移动,构成直角坐标机器人的三个自由度。这类机器人的主要特点是结构刚度大,关节运动相互独立,操作灵活性差。

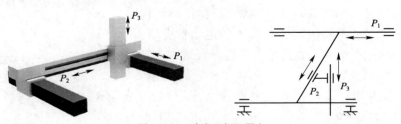

图 1-3-11 直角坐标机器人

3. 圆柱坐标机器人的自由度

五轴圆柱坐标机器人有 5 个自由度，如图 1-3-12 所示。臂部可沿自身轴线伸缩移动，可绕机身垂直轴线回转，以及沿机身轴线上下移动，构成五轴圆柱坐标机器人的 3 个自由度。另外，臂部、腕部和末端执行器三者间采用 2 个转动关节连接，构成五轴圆柱坐标机器人的 2 个自由度。

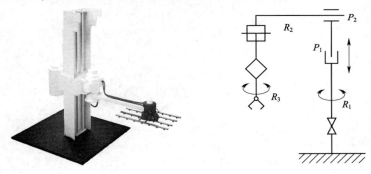

图 1-3-12　圆柱坐标机器人

4. 球(极)坐标机器人的自由度

球(极)坐标机器人有 5 个自由度，如图 1-3-13 所示。臂部可沿自身轴线伸缩移动，可绕机身垂直轴线回转，并可在垂直平面内上下摆动，构成 3 个自由度。另外，臂部、腕部和末端执行器三者间采用 2 个转动关节连接，构成 2 个自由度。这类机器人灵活性好，工作空间大。

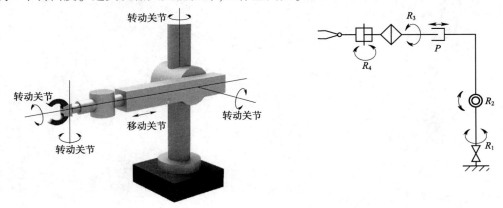

图 1-3-13　球(极)坐标机器人的自由度

5. 关节坐标机器人的自由度

关节机器人的自由度与关节机器人的轴数和关节形式有关。现以常见的 SCARA 平面关节机器人和六轴关节机器人为例进行说明。

（1）SCARA 平面关节机器人。

SCARA 平面关节机器人有 4 个自由度，如图 1-3-14 所示。SCARA 平面关节机器人的大臂与机身的关节、大小臂间的关节都为转动关节，有 2 个自由度；小臂与腕部处的关节为移动关节，此关节处有 1 个自由度；腕部和末端执行器的关节为 1 个转动关节,有 1 个自由度,实现末端执行绕垂直轴线的旋转。这种机器人适用于平面定位,以及在垂直方向进行装配作业。

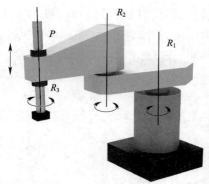

图 1-3-14　SCARA 平面关节机器人自由度

（2）六轴关节机器人。

六轴关节机器人有 6 个自由度,如图 1-3-15 所示。六轴关节机器人的机身与底座处的腰关节、大臂与机身处的肩关节、大小臂间的肘关节,以及小臂腕部和手部三者间的三个腕关节,都是转动关节,因此该机器人有 6 个自由度。六轴关节机器人的特点是动作灵活、结构紧凑。

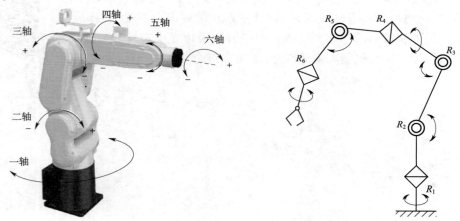

图 1-3-15　六轴关节机器人自由度

（四）运动速度

运动速度影响机器人的工作效率和运动周期,运动速度提高,机器人所承受的动载荷增大,必将承受着加、减速时较大的惯性力,从而影响机器人工作的平稳性和位置精度。就目前的技术水平而言,通用机器人的最大直线运动速度大多在 1000mm/s 以下,最大回转速度不超过 120°/s。一般机器人的生产厂家会在技术参数中标明出厂机器人的最大运动速度。

（五）分辨率

分辨率是指机器人每个关节所能实现的最小移动距离或最小转动角度。工业机器人的分辨率分为编程分辨率和控制分辨率两种。

编程分辨率是指控制程序中可以设定的最小距离,又称基准分辨率。例如,机器人某一关节电动机转动 0.1°，对应机器人关节端点移动距离为 0.01mm，则该机器人编程分辨率即为 0.01mm。

控制分辨率是指系统位置反馈回路所能检测到的最小位移，即与机器人关节电动机同轴安装的编码盘发出单个脉冲时电动机转过的角度。

(六) 定位精度和重复定位精度

定位精度和重复定位精度是机器人的两个精度指标。定位精度是指机器人末端执行器的实际位置与目标位置之间的偏差，由机械误差、控制算法和系统分辨率等部分组成。

重复定位精度是指在同一环境、同一条件、同一目标动作、同一命令之下，机器人连续重复运动若干次时，其位置的分散情况，是关于精度的统计数据。因重复定位精度不受工作载荷变化的影响，故通常用重复定位精度这一指标作为衡量示教器性能、再现工业机器人控制精度水平的重要指标。

机器人样本和说明书中所提供的定位精度一般是各坐标轴的重复定位精度，在部分产品上还提供了轨迹重复精度。由于绝大部分机器人的定位需要通过关节旋转和摆动来实现，其空间位置的控制和检测远比以直线运动为主的数控机床困难得多。因此，机器人的位置测量方法和精度计算标准与数控机床有所不同。精度、重复精度和分辨率的关系如图 1-3-16 所示。

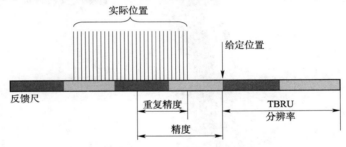

图 1-3-16　精度、重复精度和分辨率的关系

项 目 小 结

作为本书的开篇，本项目首先从工业机器人的发展和应用现状开始，逐步引申到工业机器人的基本构成和主要参数。概括性地介绍了工业机器人的基础知识部分，使同学们对工业机器人的基本概念有了初步认识，为接下来的深入学习奠定了基础。

项目二　工业机器人的机械系统

项目导入

工业机器人的出现是为了解放人工劳动力、提高企业生产效率。工业机器人的基本组成结构是实现机器人功能的基础,机械系统是工业机器人的骨骼组成部分,也就是我们常说的工业机器人本体部分。

本项目主要包括工业机器人的手部结构和工业机器人的本体结构。

学习目标

1. 知识目标

(1)正确说出机器人的基本结构;
(2)正确阐述机器人前、后驱 RBR 手腕结构;
(3)准确说出前、后驱 RBR 手腕结构的各组件的含义及作用;
(4)能说出机器人基座、腰部结构;
(5)理解并阐述机器人上、下臂结构及 R 轴传动结构。

2. 情感目标

(1)通过学习工业机器人的手部结构及本体结构,培养学生学习兴趣;
(2)培养小组合作及科学探索精神。

任务一 工业机器人的手部结构

1. 知识目标

(1) 能说出工业机器人的基本结构；
(2) 能说出前驱 RBR 手腕的结构和组成及各组件的作用；
(3) 能说出后驱 RBR 手腕的结构；
(4) 能阐明上臂传动系统和手腕单元传动系统的作用及组成。

2. 教学重点

(1) 前驱 RBR 手腕的结构及作用；
(2) 后驱 RBR 手腕的结构及作用；
(3) 上臂传动系统和手腕单元传动系统的作用。

任务知识

机器人的手部是指从机器人上臂前段到安装凸缘之间的部分,这部分机构完成手腕的转动(J4 轴,又称 R 轴)、手腕的摆动(J5 轴,又称 B 轴)和安装凸缘的转动(J6 轴,又称 T 轴)。因此,相对于四轴机器人而言,六轴机器人可以使末端执行器(抓手或工具)有更丰富的姿态变化,能够完成更复杂的作业任务,如焊枪、喷枪的多方位调整姿态。

手部末端的安装凸缘用于安装机器人的各种末端执行器,包括抓取工具(手爪或吸盘等)和专用工具(焊枪、喷枪、打磨头等),安装凸缘上必须具备定位销孔和固定螺栓孔,此外还可以安装快换连接器,用于和不同工具对接,使一台机器人可以换装多种末端执行器,实现一机多用的柔性化生产。

机器人手部结构是指到安装凸缘为止,不包括末端执行器。

一、机器人手腕的基本结构

工业机器人 J1 轴是腰部相对于基座的转动,J2 轴是下臂相对于腰部的转动,J3 轴是上臂相对于下臂的转动,上臂、下臂、腰部、基座总称为机器人的机身。安装在上臂前端的 J4、J5、J6 轴相关结构部件总称为机器人的手腕结构。

工业机器人的腕部起支承手部的作用,机器人一般具有 6 个自由度才能使手部(末端操作器)达到目标位置和处于期望的姿态,手腕上的自由度主要是实现所期望的姿态。作为一种通用性较强的自动化作业设备,工业机器人的末端执行器(手部)是直接执行作业任务的装置,大多数手部的结构和尺寸都是根据其不同的作业任务要求来设计的,从而形成了多种多样的结构形式。

六自由度机器人的运动关节包括 J1 轴(又称腰回转 S 轴)、J2 轴(下臂摆动 L 轴)、J3 轴

(上臂摆动 U 轴)、J4 轴(手腕回转 R 轴)、J5 轴(腕摆动 B 轴)、J6 轴(手回转 T 轴),如图 2-1-1 所示。

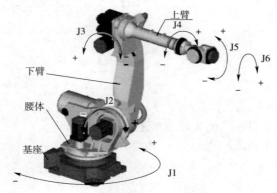

图 2-1-1　机器人的基本结构及运动关节

二、前驱 RBR 手腕结构

RBR 手腕结构是指手腕回转轴 R、腕摆动轴 B 和手回转轴 T(图 2-1-2)。前驱是指 B 轴和 T 轴的驱动电动机直接安装在上臂前段的内腔中。这种结构对于小型机器人,手部负载较低,采用的驱动电动机体积小,质量轻,布置在上臂前端,不会使上臂的质量增加很多,不但能够缩短传动链,而且简化结构。

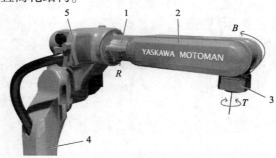

图 2-1-2　前驱 RBR 手腕结构
1-上臂前段;2-B/T 轴电动机安装位置;3-摆动体;4-下臂;5-上臂后段、上臂摆动体(安装 R 电动机)

前驱 RBR 手腕传动系统由 B 轴减速摆动、T 轴中间传动、T 轴减速输出 3 个组件构成,这三个组件可以整体安装、拆卸,如图 2-1-3 所示。B、T 轴驱动电动机安装在上臂前段内腔中,通过同步皮带和同步带轮向后面传动系统传输动力。

根据图 2-1-3 得知,手腕摆动体安装在上臂前端 U 形叉内侧;B 轴减速摆动组件 A、T 轴中间传动组件 B 分别安装在 U 形叉两侧;T 轴减速输出组件 C 安装在摆动体前端,末端执行器安装在与减速器输出轴连接的安装凸缘上。

下面对三个传动组件的结构介绍如下。

1. B 轴减速摆动组件

伺服电动机通过同步皮带和带轮将动力传递给输入轴,输入轴通过凸缘和螺栓与谐波发生器连接,谐波减速器的柔轮通过螺栓与 CRB 轴承外圈、U 形叉端盖固定。固定不动的端盖内孔中,通过轴承支撑着输入轴。谐波减速器的刚轮通过螺栓与输出轴、摆动体、CRB 轴承内圈连接。通过分析可以看出,谐波减速器的柔轮与上臂固定,同时 CRB 轴承外圈也一起固定不动,刚轮转动,将动力输出给摆动体,如图 2-1-4 所示。

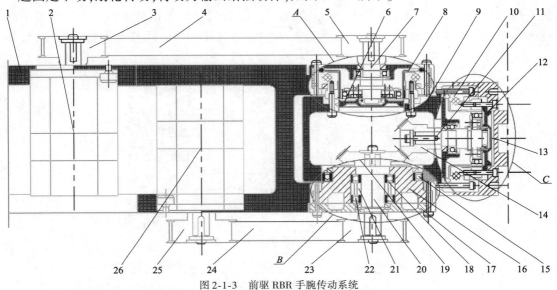

图 2-1-3　前驱 RBR 手腕传动系统

1-上臂;2、26－伺服电动机;3、5、23、25-带轮;4、24-同步带;6、12-输出轴;7、11-输入轴;8、10-CRB 轴承;9-摆动体;13-工具安装凸缘;14、19-锥齿轮;15、18、22-轴承;16-支承座;17-盖端;20-中间传动轴;21-隔套

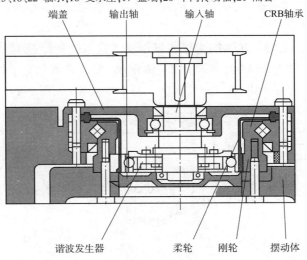

图 2-1-4　B 轴减速摆动组件

　　CRB 轴承是一种可以同时承受径向载荷和轴向载荷的轴承,它承担着刚轮与柔轮之间的相对转动。

　　B 轴减速摆动组件由摆动体、输入轴、输出轴、谐波减速器的刚轮、柔轮、谐波发生器组成,可整体安装,然后用键和螺栓将同步带轮固定在输入轴上,即可完成该组件的安装。

2. T 轴中间传动组件

T 轴中间传动组件用来连接 T 轴驱动电动机和 T 轴减速输出组件,并对摆动体进行辅助支撑。

端盖、支承座通过螺栓与 U 形叉的另一侧固定,摆动体的另一侧通过轴承支撑在支承座的上端,对摆动体起辅助支撑作用。输入轴通过一对背对背的角接触球轴承支撑在支承座的内孔中,可以同时承受径向和轴向载荷。两个角接触球轴承之间装有隔套进行定位,如图 2-1-5 所示。

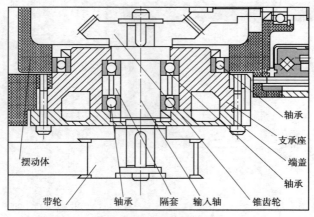

图 2-1-5　T 轴中间传动组件

锥齿轮通过键与连接螺栓固定在输入轴的上端,锥齿轮与 T 轴减速输出组件的输入锥齿轮啮合,使动力传动方向变换 90°。带轮通过键与连接螺栓固定在输入轴的下端。

3. T 轴减速输出组件

T 轴减速输出组件谐波减速器的柔轮通过连接螺栓与摆动体、摆动体端盖、CRB 轴承外圈固定,刚轮通过连接螺栓与 CRB 轴承内圈、输出轴、安装凸缘固定;锥齿轮通过键和螺栓与输入轴左端连接,谐波发生器通过螺栓与输入轴右端固定,如图 2-1-6 所示。

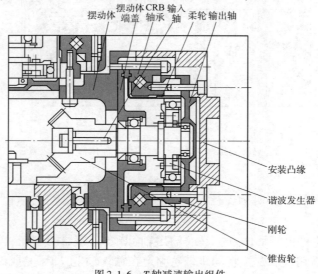

图 2-1-6　T 轴减速输出组件

可见，谐波减速器的柔轮固定，刚轮旋转。当锥齿轮通过输入轴带动谐波发生器旋转时，推动刚轮旋转，由刚轮带动安装凸缘旋转。输入轴两端轴承分别支承在摆动体端盖和输出轴的座孔中。

安装凸缘上有定位孔、定位销、螺纹孔，用于定位和安装机器人的末端执行器。

以上三个组件及其中的谐波减速器均为整体拆装更换，无须进行任何调整，因此可以方便维修更换，并保证组件的传动精度、使用寿命等指标为出厂状态不变。

三、后驱 RBR 手腕结构

前驱 RBR 手腕结构将 B 轴和 T 轴的驱动电动机安装在上臂前段，这种结构只适用于小型机器人。对于大型机器人，由于负荷较大，需要的输出扭矩大，B 轴和 T 轴驱动电动机的体积和重量较大，不适合安装在上臂的前段。

后驱 RBR 手腕结构中，R 轴、B 轴、T 轴的驱动电动机全部安装在上臂后段，如图 2-1-7a）中序号 1 部位（$R/B/T$ 电动机），然后，通过上臂前段内部的传动轴，将驱动力传递到上臂前端的手腕单元上，利用手腕单元实现 R、B、T 轴旋转。上臂前段是一个套筒结构，通过凸缘与上臂后段固定。手腕单元内部全部是机械传动机构，没有电动机，相应就没有电缆经过 R 关节进入手腕单元，因此理论上手腕单元的 R 关节可以连续旋转。

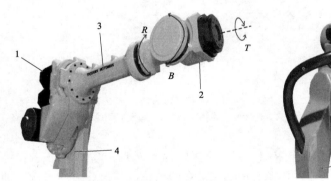 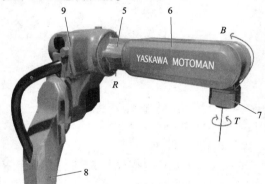

a) 后驱RBR手腕结构 b) 前驱RBR手腕结构

图 2-1-7 后驱与前驱对比图

1-上臂后段、上臂摆动体（安装 $R/B/T$ 电动机）；2-手腕单元；3-上臂前段；4-下臂；5-上臂前段；6-B/T 轴电动机安装位置；7-摆动体；8-下臂；9-上臂后段、上臂摆动体（安装 R 电动机）

后驱结构可以解决前驱结构中上臂前段安装空间小、维修困难、重心靠前等问题，重心后移提高了后驱机器人运行的灵活性和稳定性。后驱结构的缺点是，由于 B、T 轴的电动机全部在上臂后段，因此 B、T 轴传动链长，传动系统复杂，传动精度相对前驱结构差。

1. 上臂传动系统

为了将上臂后段 R、B、T 轴驱动电动机的转矩传递给机器人前端的手腕单元，上臂前段采用中空结构，R、B、T 传动轴从其内部穿过，后端通过安装凸缘与上臂摆动体（上臂后段）固定。上臂前段的前端安装有 R 轴减速器，并且 B、T 传动轴从中间穿过。

R、B、T 3 根轴位于机器人手臂的远端，所承受的载荷依次减小，驱动电动机的转矩依次减小,因此对应的三根传动轴在上臂前段中的布置是,R 轴是外部最粗的套管,B 轴是中间套管,T 轴在最里面。下面分别介绍每根传动轴两端的连接结构,如图 2-1-8、图 2-1-9 所示。

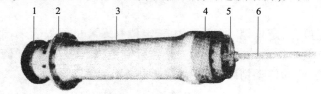

图 2-1-8　上臂后段外观及组成
1-同步带轮;2-安装凸缘;3-上臂体;4-R 轴减速器;5-B 轴;6-T 轴

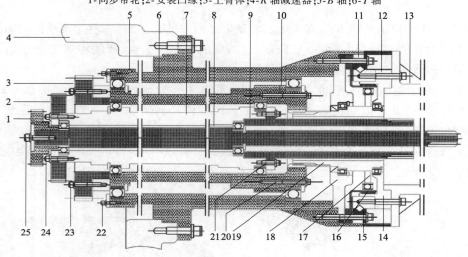

图 2-1-9　上臂转动系统
1-T 轴同步带轮;2-B 轴同步带轮;3-R 轴同步带轮;4-上臂摆动体;5-上臂;6-R 轴;7-B 轴;8-T 轴;9-B 花键轴;10-R 轴花键套;11、12-螺钉;13-手腕体;14-刚轮;15-CRB 轴承;16-柔轮;17-谐波发生器;18-端盖;19-输入轴;20~25-螺钉

(1) R 转动轴。

R 轴同步带轮通过螺栓与 R 轴左端固定,R 轴花键套通过螺栓与 R 轴右端固定,三者作为一个整体,通过两端轴承,支承在上臂管壁的内侧。R 轴花键套的内花键与谐波减速器输入轴的外花键配合,带动输入轴旋转。输入轴右端与谐波发生器连接,谐波减速器的柔轮通过螺栓与上臂、上臂右端盖、CRB 轴承外圈固定。谐波减速器刚轮通过螺栓与手腕单元体、CRB 轴承内圈固定。输入轴两端通过轴承支承在上臂右端盖和刚轮的座孔中,如图 2-1-9 所示。

可见,R 轴同步带轮的转矩通过 R 轴传动轴、输入轴传递给谐波减速器的谐波发生器,谐波减速器的柔轮固定,刚轮输出,带动手腕单元体旋转,这就使 R 轴旋转。

(2) B 转动轴。

B 轴同步带轮通过螺栓与 B 传动轴的左端固定,B 花键轴通过螺栓与 B 传动轴的右端固定,上述三者作为一个整体,通过两端轴承,支承在 R 传动轴的管壁内侧。可见,B 轴同步带轮的动力通过 B 传动轴传递给 B 花键轴,B 花键轴穿过谐波减速器中心孔,将动力传递给右面手腕体单元。

(3) T 转动轴。

T 轴同步带轮通过键连接中心螺栓,与 T 传动轴的左端固定,T 传动轴右端穿过 B 花键轴的中心孔,将动力传递给右面手腕体单元。T 传动轴通过两端轴承,支撑在 B 传动轴的管壁内侧。

2. 手腕单元传动系统

手腕单元由 B/T 轴输入组件、B 轴减速摆动组件、T 轴中间传动组件、T 轴减速输出组件等 4 个组件组成。这四个组件安装在连接体和摆动体中间,如图 2-1-10 所示。

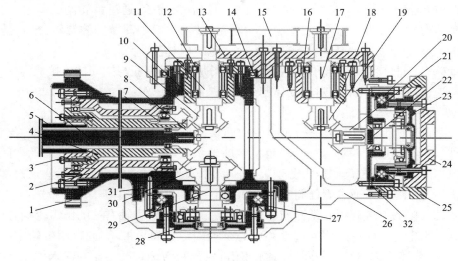

图 2-1-10 手腕单元转动系统

1-连接体;2-外套;3-连接套;4-内套;5-B 输入轴;6-T 输入轴;7、8、9、19、21、30-锥齿轮;10、18-支承座;11、17-轴;12、14、16-轴承;13-辅助臂;15-同步带;20、27-减速器;22、29-输入轴;23、28-输出轴;24-工具安装凸缘;25-防护罩;26-摆动体;31、32-端盖

连接体是手腕单元的基础件,它通过左端凸缘与上臂前端 R 轴谐波减速器的输出端(刚轮)连接,带动后面整个手腕单元作 R 轴转动。摆动体相对于连接体作 B 轴摆动,T 轴减速输出组件安装在摆动体前端,其输出端相对于摆动体作 T 轴旋转。

下面分别介绍 B/T 轴输入组件、B 轴减速摆动组件、T 轴中间传动组件、T 轴减速输出组件的结构。

(1) B/T 轴输入组件。

B/T 轴输入组件主要由外套和内套组成。

外套通过左端的安装凸缘和右端的光滑外圆柱面安装在连接体的内壁中,如果将其左端安装凸缘的连接螺丝拆下,整个 B/T 轴输入组件可以从连接体的左端孔中抽出,安装维修十分方便。

连接套通过螺栓固定在内套的左端,连接套内侧通过键与 B 输入轴连接。B 轴锥齿轮通过键和锁紧螺母固定在内套的右端。这样,连接套、内套、B 轴锥齿轮成为一个整体,称为 B 传动轴,它的两端通过一对背对背的角接触球轴承,支承在外套的内缘中,既可承受轴向力,又可承受径向力。

T 输入轴从上臂前端伸出,穿过内套的中心孔,其右端通过键和固定螺栓与 T 轴锥齿轮固定,并通过轴承,在内套的内缘中径向支承,轴向不限位。

可见,B/T 轴输入组件由外向内分为三层,即外套、内套和 T 输入轴。外套用来方便整体拆装,内套与两端零件组合,构成 B 传动轴。这样,动力通过 B/T 轴输入组件右端伸出的两个齿轮,即 B 轴锥齿轮和 T 轴锥齿轮向后分别输出给 B 轴减速摆动组件和 T 轴中间传动组件。

(2) B 轴减速摆动组件。

B 轴减速摆动组件中,端盖、CRB 轴承外圈、谐波减速器柔轮一起,通过螺栓固定在手腕单元连接体上;谐波减速器刚轮、CRB 轴承里圈和输出轴一起,通过螺栓和摆动体固定在一起;谐波减速器输入轴前端通过键和中心螺栓固定着锥齿轮,通过齿轮间的啮合,将动力通过输入轴传递给谐波发生器,通过柔轮推动刚轮旋转,进而带动摆动体旋转,这就是 B 轴摆动。CRB 轴承承担着谐波减速器刚轮和柔轮之间的相对转动。

摆动体是一个 U 形箱体部件,它的另一侧辅助臂通过螺栓与摆动体连接成为一个整体。辅助臂与连接体之间有轴承,对摆动体起到辅助支撑作用。

(3) T 轴中间传动组件。

T 轴中间传动组件由两套结构相同的中间轴部件组成,该部件包括中间轴、支承座、轴承等零件。中间轴通过一对背对背的角接触球轴承支承在支承座内,一对轴承之间由隔套隔开定位,并通过锁紧螺母和压板分别限定轴承内、外圈的轴向窜动。支承座通过螺栓固定在连接体中,支承座 18 通过螺栓固定在摆动体中。

中间轴内侧通过键和中心螺栓固定着锥齿轮,它与 T 输入轴右端的锥齿轮啮合,将 T 输入轴的动力引出。中间轴外侧通过键和中心螺栓固定着同步带轮,通过两带轮之间的同步皮带,将动力传递给中间轴。中间轴内侧固定的锥齿轮与 T 轴减速器的输入齿轮啮合,将动力传递给 T 轴减速器。

(4) T 轴减速输出组件。

T 轴减速输出组件采用谐波减速器,柔轮与端盖、CRB 轴承外圈一起,通过螺栓固定在摆动体上;刚轮与 CRB 轴承内圈、输出轴一起,通过螺栓与工具安装凸缘固定;工具安装凸缘外围有防护罩,并且两者之间有密封圈加强密封效果。安装凸缘右端面上有定位销孔、螺纹孔等,用于安装机器人的末端执行器。

T 轴减速器输入轴通过两端轴承支承在端盖和输出轴的座孔中。输入轴左端由圆锥齿轮驱动,右端与谐波发生器固定,带动谐波发生器的椭圆凸轮旋转,通过柔轮推动刚轮旋转,最终带动工具安装凸缘旋转,这就是 T 轴旋转。

任务二 工业机器人的本体结构

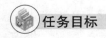
任务目标

1. 知识目标

(1) 能识别基座和腰部在机器人上所处的位置,并说出其作用;

(2) 能识别机器人上、下臂在机器人上所处的位置,并描述其结构特征;

(3) 能说出 R 轴传动结构。

2. 教学重点

(1) 基座和腰部结构特征;

(2)机器人上、下臂结构及作用。

任务知识

机器人本体包括基座、腰部、下臂和上臂后段,其中腰部相对于基座旋转是 J1 轴转动,下臂相对于腰部旋转是 J2 轴转动,上臂后段相对于下臂上端旋转是 J3 轴旋转,在每一个转动关节中,都包含有伺服电动机、减速器和与传动链两端构件的连接结构。

对于前驱的 RBR 结构,上臂前段相对于上臂后段的旋转为 J4 轴转动,又称 R 轴转动,这部分传动机构也被归入机器人本体中。

一、基座和腰部结构

1. 基座

基座是工业机器人的基础部分,起支撑作用。整个执行机构和驱动装置都安装在基座上。机器人通过基座与地基或者其他工作平台固定,同时机器人的电缆、气管等也是通过基座上的连接插座进入机器人的,如图 2-2-1 所示。

2. 腰部

腰部是机器人手臂的支撑部分,腰部回转部件包括腰体、回转轴、制动器和伺服电动机等。如图 2-2-1 所示,腰部位于基座和下臂之间,可以带动下臂及以上部分在基座上回转。腰部上凸耳,凸耳一侧通过下臂安装端面与下臂连接,另一侧安装下臂驱动电动机。

3. 基座和腰部的关系

腰回转驱动电动机固定在电动机座上,电动机座固定于腰部。腰回转 RV 减速器安装在基座中,减速器的针轮(壳体)与基座固定。驱动电动机的输出轴与 RV 减速器的输入轴(心轴)直接相连,腰部与 RV 减速器的输出轴连接。这样,当电动机输出轴旋转时,通过减速器减速,由减速器输出轴带动腰部回转(J1 轴)。

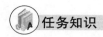

图 2-2-1 基座及腰部结构
1-驱动电动机;2-减速器输入轴;3-润滑管;4-电动机座;5-下臂安装端面;6-腰体;7-基座;8-RV 减速器

二、机器人下臂结构和上臂后段结构

1. 下臂结构

下臂安装在腰部和上臂之间,可以带动上臂及以后部分一同摆动,如图 2-2-2 所示,下臂驱动电动机安装在腰部凸耳一侧,下臂 RV 减速器采用输出轴固定、壳体(针轮)旋转的方式,即减速器的输出轴通过螺栓固定在腰部凸耳的另一侧,减速器壳体(针轮)通过螺栓连接下臂下端。

驱动电动机的输出轴与减速器的输入轴连接,通过减速器减速后,由减速器的壳体(针轮)带动下臂相对于腰部回转(J2 轴)。

下臂断面呈 U 形结构,用于布置各种电缆及管线。

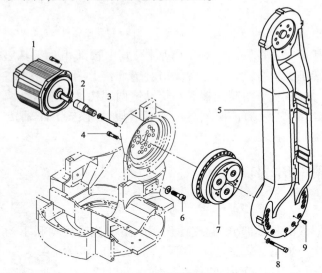

图 2-2-2　下臂结构

1-驱动电动机;2-减速器输入轴;3、4、6、8、9-螺栓;5-下臂体;7-RV 减速器

2. 上臂后段结构

上臂后段是连接下臂和上臂前段的中间体,可带动上臂前段及手腕部分一起,相对于下臂旋转。

如图 2-2-3 所示是前驱 RBR 结构的上臂后段。

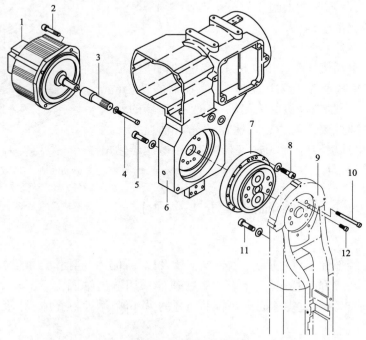

图 2-2-3　上臂后段结构

1-驱动电动机;2、4、5、8、10、11、12-螺钉;3-RV 减速器输入轴;6-上臂后段;7-减速器;9-下臂

上臂后段为箱体结构,上方箱体内安装 R 轴(J4)回转电动机(对于前驱 RBR 结构)。上臂后段的下方是一个连接耳结构,驱动电动机固定在连接耳的左侧,RV 减速器的壳体(针轮)通过螺栓固定在连接耳的右侧,RV 减速器的输出轴通过螺栓与下臂上端固定,电动机的输出轴与 RV 减速器的输入轴连接。这样,电动机动力进入减速器,经过减速器减速之后,由壳体(针轮)带动上臂后段相对于下臂上端回转中心摆动。

对于前驱 RBR 结构,由于 J5 轴(腕摆动 B 轴)和 J6 轴(手回转 T 轴)的驱动电动机都安装在上臂前段[见图 2-1-7b)中序号 2 部位],因此,上臂后段中只需安装 J4 轴(手腕回转 R 轴)电动机。

如图 2-2-4 是前驱 RBR 结构的 R 轴传动结构。R 轴传动结构由驱动电动机、谐波减速器、过渡轴等零部件组成。谐波减速器的刚轮与电动机的外壳、电动机座一起,固定在上臂后段的壳体中;谐波减速器的柔轮与过渡轴的后端面、径向轴承的里圈连接,轴承的外圈安装在上臂后段的壳体中作为支承;过渡轴的前端与上臂前段 CRB 轴承的里圈连接,轴承外圈固定在上臂后段的前端面上作为支承。

电动机的输出轴与谐波减速器的谐波发生器连接,动力传递给柔轮,通过柔轮带动过渡轴旋转,进而带动上臂前段作手腕回转运动(J4 轴)。

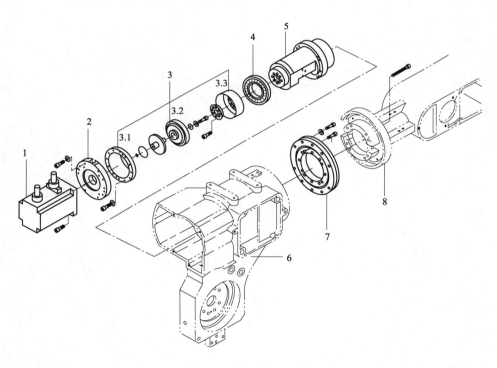

图 2-2-4 前驱 RBR 结构的 R 轴传动结构

1-驱动电动机;2-电动机座;3-谐波减速器(3.1-刚轮;3.2-谐波发生器;3.3-柔轮);4-轴承;5-过滤轴;6-上臂后段;7-CRB 轴承;8-手腕回转体(上臂前段)

对于后驱 RBR 结构,为减轻上臂前段的重量,B、T、R 轴电动机全部安装在上臂后段中[见图 2-1-7a)中序号 1 部位],上臂前段与上臂后段之间是固定的,B、T、R 轴的动力通过上臂前段中的传动系统传递给手腕单元,在手腕单元上实现了 B、T、R 轴的转动。

项 目 小 结

本项目主要从工业机器人机械部分开始,对机器人手部和本体两大结构进行了详细描述。同学们需要掌握各主要部件(包括手部、手腕、手臂、机身)的组成和机械原理。

项目三　工业机器人的动力与驱动系统

项目导入

工业机器人的动力系统是将电能或流体能(液压油、压缩空气)等转换成机械能的动力装置,按照控制系统发出的指令信号,借助于动力元件使工业机器人完成指定的工作任务,它是工业机器人的动力机构。

而工业机器人的传动系统则是动力系统的机械载体,是实现动力系统传动及其自身机械运动的保障。

本项目主要介绍了工业机器人的伺服系统和工业机器人的传动机构。

学习目标

1. 知识目标

(1) 能正确陈述伺服系统的含义及作用;
(2) 能准确阐明交流永磁同步电动机的工作原理及结构;
(3) 能讲述 RV 减速器工作原理及结构;
(4) 能讲述谐波减速器的工作原理结构。

2. 情感目标

通过工业机器人的伺服系统和传动机构相关知识的学习,培养小组合作精神,增强对机器人的自主学习能力。

任务一　工业机器人的伺服系统

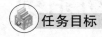
任务目标

1. 知识目标

（1）能说出工业机器人伺服系统的作用及驱动电动机的要求；

（2）能说出工业机器人伺服系统的组成；

（3）能阐述交流伺服动力系统的分类及类型，解释永磁同步电动机工作原理；

（4）能说出直流伺服电动机系统的分类及类型，解释直流伺服电动机的工作原理。

2. 教学重点

（1）永磁同步电动机的工作原理；

（2）直流伺服电动机的工作原理。

任务知识

一、伺服系统概述

伺服系统是以变频技术为基础发展起来的产品，是一种以机械位置或角度作为控制对象的自动控制系统。伺服系统除了可以进行速度与转矩控制外，还可以进行精确、快速、稳定的位置控制。

1. 伺服系统的作用

如果把连杆和关节想象成机器人的骨骼，那么驱动系统就起着肌肉的作用。电动伺服驱动系统是机器人的执行器，它利用电动机产生的转矩，直接或间接地驱动机器人本体，以获得各种运动。

对于驱动机器人关节的电动机而言，要求有较大的功率质量比和转矩惯量比，较高的起动转矩，较低的惯量和较宽广且平滑的调速范围。特别注意的是，要求快速响应时，伺服电动机必须具有较高的可靠性和稳定性，并具有较大的短时过载能力，这是伺服电动机在机器人中应用所必备的特性。

2. 对驱动电动机的要求

机器人对关节伺服驱动电动机的要求如下：

（1）快速性。电动机从获得指令信号，到完成指令所要求的工作状态，中间所经历的时间应短。执行指令的时间越短，伺服系统的灵敏性越高，快速响应性能越好。一般是以伺服电动机的机电时间常数的大小来反映伺服电动机的快速响应性能。电动机的机电时间常数是电动机从启动到转速达到空载转速的63.2%时所经历的时间，时间常数是衡量伺服电动机快速动作的重要动态性能指标。

（2）起动转矩惯量比大。在驱动负载的情况下，要求机器人伺服电动机的起动转矩大，转动惯量小。

(3)控制特性的连续性和直线性。随着控制信号的变化,电动机的转速能连续变化,有时还需要转速与控制信号成正比或近似成正比。

(4)调速范围宽。能使用于 1:1000~10000 的调速范围。

(5)体积小,质量小,轴向尺寸短。

(6)能够适应苛刻的运行条件,能够进行频繁的正反向和加减速运行,并能在短时间内过载。

目前,由于高起动转矩、大转矩、低惯量的交/直流伺服电动机得到了广泛应用,一般负载在1000N以下的工业机器人大多采用电动伺服驱动系统。所采用的关节驱动电动机主要是交流永磁同步伺服电动机,均采用位置闭环控制。交流伺服电动机采用电子换向,无换向火花。机器人关节驱动电动机的功率范围一般为0.1~10kW。

3. 伺服系统的功能及特点

伺服系统与一般机床的进给系统有本质上的差别,它能根据指令信号精确地控制执行部件的运动速度与位置。伺服系统是控制装置和机器人的联系环节,是机器人控制系统的重要组成部分,具有以下特点:

(1)必须具备高精度的传感器,能准确地给出输出量的电信号。

(2)功率放大器以及控制系统都必须是可逆的。

(3)足够大的调速范围及足够强的低速带载性能。

(4)快速的响应能力和较强的抗干扰能力。

二、伺服系统的组成

机电一体化的伺服控制系统的结构、类型繁多,但从自动控制理论的角度来分析,伺服控制系统一般包括控制器、被控对象、执行环节、检测环节、比较环节等五部分,如图3-1-1所示。

机器人电动伺服系统的一般结构为3个闭环控制,即电流环、速度环和位置环。PID控制器(比例—积分—微分控制器)是一个在工业控制应用中常见的反馈回路部件,由比例单元P、积分单元I和微分单元D组成。PID控制的基础是比例控制;积分控制可消除稳态误差,但可能增加超调;微分控制可加快大惯性系统响应速度及减弱超调趋势,如图3-1-2所示。

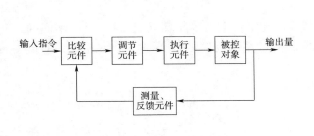

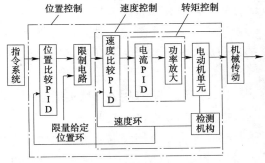

图 3-1-1　伺服系统的结构组成　　　　　图 3-1-2　工业机器人伺服系统原理图

伺服电动机系统通过反馈控制,使电动机以期望的转速转矩运动到期望的转角位置。为此,反馈装置(检测机构)向伺服电动机控制器电路发送信号,反馈电动机当前的角度和速度。如果负荷增大,则转速就会比期望转速低,电流就会增加,直到转速和期望值相等。如果信号显示速度比期望值高,电流就会相应减小。如果还使用了位置反馈,那么位置信号用于在转子到达期望的角位置时,给电动机断电并采取制动。

机器人伺服系统由伺服电动机、伺服驱动器、指令系统三大部分构成,伺服电动机是执行机构,就是靠它来实现机器人的运动。伺服驱动器是伺服电动机的功率电源。指令机构发出位置脉冲及速度指令给伺服驱动器,进而控制伺服电动机按照给定的速度到达所要求的位置。

在图3-1-2机器人伺服系统中,电动机单元和检测机构一同构成了伺服电动机本体;来自主板和急停板的控制信号构成了指令系统;而位置控制、速度控制、转矩控制和功率放大四部分则共同构成了伺服驱动器。

由于主板、急停板、伺服驱动器都是安装在机器人控制柜中,因此指令系统和伺服驱动器的课程内容请参阅"项目四",本项目重点介绍伺服电动机的结构和工作原理。

三、交流伺服动力系统

(一)交流伺服动力系统分类

1. 开环伺服系统

开环伺服系统是一种没有位置或速度反馈的控制系统,其伺服机构根据指令装置发来的移动指令,驱动机械作相应的运动。系统输出位移与输入指令脉冲个数成正比,所以在控制整个系统时,只要精确地控制输入脉冲的个数,就可以准确地控制系统的输出,但是,这种系统精确度比较低,运行也不是很稳定。

2. 半闭环伺服系统

半闭环伺服系统属于闭环系统,具有反馈环节,因此在原理上具有闭环系统的一切特性和功能。它的检测元件与伺服电动机同轴相连,通过测出电动机轴旋转的角位移或角速度来推知执行机械的实际位移或速度,对实际位置移动,或运行速度采用的是间接测量方法,所以半闭环伺服系统存在测量转换误差。

3. 全闭环伺服系统

全闭环伺服系统是一种真正的闭环伺服系统,在结构上与半闭环伺服系统一样,不同的是它的检测元件直接安装在系统的最终运动部件上,系统反馈的信号是整个系统真正的最终输出。

(二)交流伺服电动机的类型

1. 感应异步交流伺服电动机

感应异步交流伺服电动机的结构分为定子和转子两部分。在定子铁芯中安放着空间成90°的两相定子绕组,其中一相为励磁绕组,始终统一交流电压;另一相为控制绕组,输入同频率的控制电压,改变控制电压的幅值或相位可实现调速。转子的结构通常为笼形。

2. 永磁同步交流伺服电动机

永磁同步交流伺服电动机主要由转子和定子两部分组成,在转子上装有特殊形状的高

性能的永磁体,用以产生恒定磁场,无须励磁绕组和励磁电流。永磁同步电动机工作原理介绍如下:

(1)旋转磁场的产生。

交流永磁同步电动机主要由定子、转子及测量转子位置的传感器构成。定子采用三相对称绕组结构,分别是 AX、BY 和 CZ,它们的轴线在空间彼此相差120°。转子上贴有永磁体,一般转子有两对以上磁极。位置传感器一般为光电编码器或者旋转变压器。

定子三相绕组由三相逆变器提供,相位差是 120°的三相对称电流,按照相序依次是 i_A、i_B、i_C,由此产生旋转磁场。下面分析旋转磁场产生的过程。

①三相电流的连接方式一。

i_A 连接绕组 AX、i_B 连接绕组 BY、i_C 连接绕组 CZ,如图 3-1-3 所示,此时,三相绕组的相序与三相电流的相序一致,即 A-B-C。

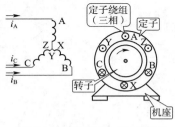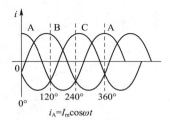

图 3-1-3　三相对称绕组和三相对称电流

设定电流方向:电流由定子绕组的首端(A、B、C)流入,由尾端(X、Y、Z)流出,设定为正方向,反之为负方向。

在图 3-1-3 三相对称电流波形中,选取四个典型时刻,分析三相电流的大小及正负关系如下:

a. 当 $\omega t = 0°$ 时:$i_A > 0$、$i_B < 0$、$i_C < 0$;

b. 当 $\omega t = 120°$ 时:$i_A < 0$、$i_B > 0$、$i_C < 0$;

c. 当 $\omega t = 240°$ 时:$i_A < 0$、$i_B < 0$、$i_C > 0$;

d. 当 $\omega t = 360°$ 时:$i_A > 0$、$i_B < 0$、$i_C < 0$。

根据电流方向的规定,将每个时刻的三相电流方向分别标注到对应的三相定子绕组中,如图 3-1-4 中的①、②、③、④。

可见,当三相绕组的相序为 A-B-C 时,产生一个顺时针的旋转磁场,此磁场拖动永磁转子同步顺时针旋转。

②三相电流的连接方式二。

i_A 连接绕组 AX、i_B 连接绕组 CZ、i_C 连接绕组 BY,如图 3-1-5 所示。此时,三相绕组的相序与三相电流的相序不一致,是 A-C-B。

通过四个典型时刻,分析三相电流的大小及正负关系如下:

a. 当 $\omega t = 0°$ 时:$i_A > 0$、$i_B < 0$、$i_C < 0$;

b. 当 $\omega t = 120°$ 时:$i_A < 0$、$i_B < 0$、$i_C > 0$;

c. 当 $\omega t = 240°$ 时：$i_A < 0$、$i_B > 0$、$i_C < 0$；

d. 当 $\omega t = 360°$ 时：$i_A > 0$、$i_B < 0$、$i_C < 0$。

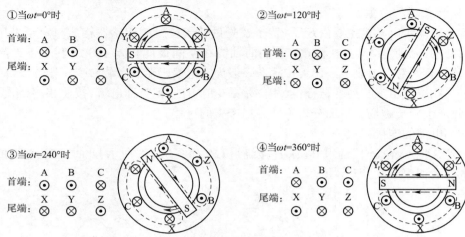

图 3-1-4 顺时针旋转磁场的产生

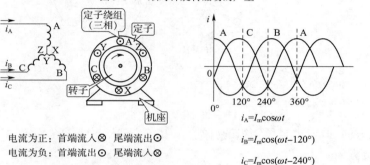

图 3-1-5 三相对称绕组和三相对称电流（电源线对调）

根据电流方向的规定，将每个时刻的三相电流方向分别标注到对应的三相定子绕组中，如图 3-1-6 中的①、②、③、④。

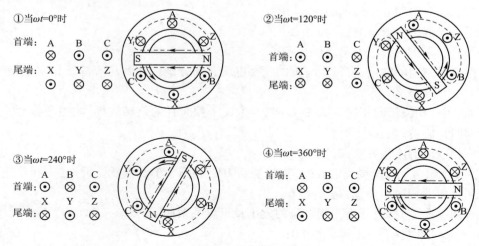

图 3-1-6 逆时针旋转磁场的产生

可见,当三相绕组的相序是 A-C-B 时,产生一个逆时针的旋转磁场,此磁场拖动永磁转子同步逆时针旋转。

(2)交流永磁同步电动机转子的转速和旋转方向。

从上面分析可以看出,当给对称三相绕组通对称三相电流时,流过绕组的电流在定子和转子之间的空气间隙中建立起旋转磁场,其转速为

$$n_s = \frac{60f}{p}$$

式中:f——电源频率;

p——定子磁极对数。

即磁场的转速与电源频率成正比,与定子的磁极对数成反比。

对于永磁同步交流电动机,旋转磁场可以看作是一对旋转磁极,吸引转子磁极随其一同旋转,因此,转子的转速与旋转磁场的转速相等。

例如,对于 $f = 50$ 的三相交流电,不同磁极对数的转子转速见表 3-1-1。

不同磁极对数的转子转速　　　　　　　　　　表 3-1-1

p	1	2	3	4	5	6
n(r/min)	3000	1500	1000	750	600	500

(三)交流伺服电动机的结构

1. 电动机结构

交流伺服电动机由转子、定子、检测元件、制动装置等组成,如图 3-1-7 所示。

图 3-1-7　交流伺服电动机结构

1-检测元件:有旋转变压器、SFD 换向编码器、绝对正弦编码器等形式;2-制动装置(选装);3-压铸铝端盖;4-可旋转金属连接器;5-壳体;6-钕铁硼磁铁;7-安装孔;8-氟橡胶轴封;9-输出轴:可选轴输出、孔输出、齿轮输出等结构形式;10-轴承卡簧:限制轴承外圈的轴向位置;11-安装凸缘;12-前轴承;13-后轴承;14-后轴承卡簧:限制轴承外圈的轴向位置;15-定子高密度绕组

2. 制动装置

电磁失电制动器,如图 3-1-8 所示。

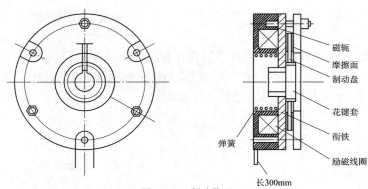

图 3-1-8 制动装置

(1)运转状态。

当制动器的励磁线圈通电时,线圈产生磁场,衔铁被磁力吸向磁轭,衔铁与制动盘脱开,此时制动盘通过花键套被电动机轴带着正常转动。

(2)制动状态。

当线圈断电时,磁场消失,衔铁被弹簧的作用力推向制动盘,产生摩擦力矩而制动。

电磁失电制动器主要用于微型电动机、伺服电动机、步进电动机中,实现快速停车,准确定位,安全制动等目的。

该制动器由磁轭体、励磁线圈、弹簧、制动盘、衔铁、花键套、手动释放装置等组成。安装于电动机后端盖中,调整安装螺钉使气隙(衔铁的轴向窜动行程)达到规定值。

花键套通过内孔中的键槽及键,固定于电动机轴上。制动盘通过内花键在花键套的外花键上轴向滑动。制动时,摩擦面上的摩擦力矩通过制动盘与花键套之间的花键连接,以及花键套与电动机轴之间的键连接,对电动机轴产生制动力矩。

扳动"手动释放装置",也可使衔铁释放,解除制动,方便设备的安装和调节。实物图如图 3-1-9 所示。

图 3-1-9 制动装置外形图

四、直流伺服动力系统

(一)直流伺服电动机的分类

1. 直流无刷伺服电动机

直流无刷伺服电动机的特点:

(1)转动惯性小,启动电压低,空载电流小;

(2)弃接触式换向系统,极大地提高了电动机转速,最高转速高达100000r/min;
(3)无刷伺服电动机在执行伺服控制时,无需编码器也可实现速度、位置、转矩等的控制;
(4)容易实现智能化,电子换向方式灵活,可以方波换向或正弦波换向;
(5)不存在电刷磨损情况;
(6)寿命长,噪声低,无电磁干扰等。

2. 直流有刷伺服电动机

直流有刷伺服电动机的特点:
(1)体积小、动作快、反应快、过载能力大、调速范围宽;
(2)低速力矩大,波动小,运行平稳;
(3)低噪声、高效率;
(4)后端编码器反馈构成直流伺服;
(5)变压范围大,频率可调。

此外,直流有刷电动机成本高,结构复杂,起动转矩大,调速范围宽,控制容易,需要维护,会产生电磁干扰,对环境有要求。

(二)直流伺服电动机的类型

1. 高速直流伺服电动机

高速直流伺服电动机又可以分为普通直流伺服电动机和高性能直流伺服电动机。普通高速直流伺服电动机应用历史最长,但是这种电动机转矩—惯量比小,不能适应现代伺服控制技术发展的要求。

2. 低速大转矩宽调速电动机

低速大转矩宽调速电动机又称为直流力矩电动机,由于它的转子直径较大,线圈绕组多,所以力矩大,转矩—惯量比高,热容量高,能长时间过载,不需要中间传动装置就可以直联丝杠工作。由于没有励磁回路的损耗,它的外形尺寸比其他直流伺服电动机小。此外,它还有一个重要的特点:低速特性好,能够在较低的速度下平稳运行,最低速可以达到1r/min,甚至达到0.1r/min。

(三)直流伺服电动机的工作原理

如图3-1-10所示,定子励磁电流产生电子电势F_s,转子电枢电流产生转子磁势为F_r,F_s与F_r垂直正交。补偿磁阻与电枢绕组串联,电流又产生补偿磁势F_c,F_c与F_r方向相反,它的作用是抵消电枢磁场对定子磁场的扭斜。

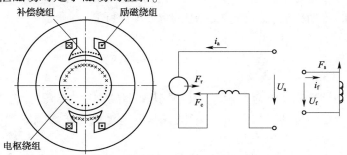

图 3-1-10 直流伺服电动机的工作原理

任务二 工业机器人的传动机构

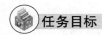

1. 知识目标
（1）能说出工业机器人传动机构的作用、组成及类型；
（2）能阐明 RV 减速器和谐波减速器的工作原理及结构。
2. 教学重点
RV 减速器和谐波减速器的工作原理。

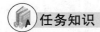

一、工业机器人传动机构概述

工业机器人的驱动源需要通过传动机构来驱动关节的移动或转动，从而实现机身、手臂和手腕的运动。因此，传动机构是工业机器人的重要组成部分。工业机器人传动机构中包含以下部分。

1. 谐波减速器

谐波减速器通常由凸轮或偏心安装的轴承构成，刚轮为刚性齿轮，柔轮为能产生弹性变形的齿轮。当谐波减速器连续旋转时，产生的机械力使柔轮变形，变形曲线为一条基本对称的谐波曲线。

2. RV 减速器

RV 减速器由一个行星齿轮减速器的前级和一个摆线针轮减速器的后级组成，RV 减速器具有结构紧凑，传动比大，以及在一定条件下具有自锁功能等特点，是最常用的减速器之一，而且振动小，噪声低，能耗低。

3. 同步带传动和链传动

同步带传动和链传动用于在较远距离之间传递平行轴之间的回转运动。

4. 齿轮传动

齿轮传动是指由齿轮副传递运动和动力的装置，它是现代各种设备中应用最广泛的机械传动方式。它的传动比准确，效率高，结构紧凑，工作可靠，寿命长。

二、减速器

由于低惯量、大转矩交/直流伺服电动机及其配套的伺服驱动器的普遍使用，大多数电动机后面需安装精细的传动机构——减速器，它是将电动机的转数减速到所需要的转数，并得到较大转矩的装置。

当负载较大时，一味提升伺服电动机的功率是很不划算的；运用减速器则能够在适宜的速率范围内进一步提升输出转矩,更加经济可靠。

伺服电动机在低频运转下容易发热和出现低频振动,长时间和重复性的工作不利于确保其准确地、牢靠地运转。而精密减速机的存在使伺服电动机在一个适宜的速率下运转,加强机体刚性的同时,能够输出更大的转矩。如今主流的减速器有谐波减速器和RV减速器两种。

(一) RV减速器工作原理及结构

1. 工作原理

RV减速器包括正齿轮减速和差动齿轮减速两级传动,可以实现200以上的大传动比。

(1) 正齿轮减速。

正齿轮减速就是普通的外啮合齿轮结构,由一个主动轮带动三个从动轮,三个从动轮呈三角形分布,如图3-2-1a)所示。假设主动太阳轮齿数是Z_1,从动行星齿轮齿数是Z_2,则行星齿轮输出/太阳轮(心轴)输入的传动比为$i_1 = -Z_2/Z_1$,负号表示输入、输出齿轮旋向相反。

(2) 差动齿轮减速。

①差动过程分析。

三个行星齿轮与各自的曲轴相连接,在每根曲轴上,有一前一后两段对称布置的偏心轴。

当行星齿轮带动曲轴旋转时,曲轴上的偏心段(呈三角形分布)同时作用,将带动RV齿轮所示的顺时针摆动(从A向看),如图3-2-1b)所示。在两组偏心轴的带动下,两片RV齿轮摆动方向相同,但相位相差180°。

RV齿轮和针轮之间安装有针齿销,在RV齿轮摆动时,针齿销将迫使RV齿轮沿针轮的齿,逆时针逐齿转动,如图3-2-1c)所示。

设:RV齿轮的齿数为Z_3,针轮的齿数为Z_4,齿差$Z_4 - Z_3 = 1$。

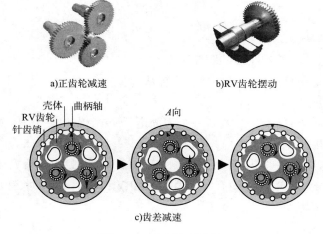

图3-2-1 减速器工作原理

②当RV齿轮固定,心轴输入,针轮输出时。

当曲轴的偏心轮顺时针旋转360°,带动RV齿轮完成一次摆动时,RV齿轮的0°基准齿相对于针轮的基准位置逆时针偏移一个齿。由于RV齿轮固定,根据相对运动原则,针轮相对于固定的RV齿轮顺时针转过一个齿,与曲轴的旋转方向相同。这相当于针轮作为内齿圈,和一个连接在曲轴上,只有一个齿的当量齿轮啮合。

因此,针轮输出/曲轴输入的传动比 $i_2 = Z_4/1$,传动比为正,表示输入/输出旋转方向相同,都是顺时针。

心轴输入/针轮输出的总传动比

$$i = i_1 \times i_2 = \left(-\frac{Z_2}{Z_1}\right) \times \frac{Z_4}{1}$$

③当针轮固定,心轴输入,RV齿轮输出时。

曲轴作为中间环节,是前一级(正齿轮)传动的输出,又是后一级(差动齿轮)传动的输入。在曲轴转过360°的情况下,计算前一级输入(心轴)和后一级输出(RV齿轮)转过的角度。

a. 当曲轴转过360°时,心轴转过的角度 $\theta_1 = \frac{Z_2}{Z_1} \times 360°$;

b. 当曲轴转动360°时,根据上述差动过程分析,RV齿轮逆时针转过针轮一个齿的角度 $\theta_2 = \frac{1}{Z_4} \times 360°$;

c. 同时,由于RV齿轮套装在曲轴上,当RV齿轮偏转时,将带动曲轴、行星轮、太阳轮、心轴组件一同偏转 $\frac{1}{Z_4} \times 360°$,而且偏转方向与心轴相同,因此心轴所转过的角度应修正为 $\theta_3 = \left(\frac{Z_2}{Z_1} + \frac{1}{Z_4}\right) \times 360°$。

所以,总传动比

$$i = \frac{\theta_3}{\theta_2} = \frac{\left(\frac{Z_2}{Z_1} + \frac{1}{Z_4}\right) \times 360°}{\frac{1}{Z_4} \times 360°} = 1 + Z_4 \frac{Z_2}{Z_1}$$

2. RV减速器的结构

RV减速器按照动力传动路线的顺序,分为三级:

第一级:心轴、太阳轮主动,行星齿轮、曲轴从动;

第二级:曲轴偏心轮主动,RV齿轮从动;

第三极:RV齿轮与针轮差动,两者一个为固定,另一个作为整个RV减速器的输出。

(1)外层结构。

外层的针轮4实际是一个内齿圈,其内侧加工有针齿,外侧加工有安装凸缘,用于和外部结构连接。针齿和RV齿轮11之间有针齿销12,当RV齿轮11摆动时,针齿销12可推动针轮4相对于RV齿轮逐齿旋转,如图3-2-2所示。

(2)RV齿轮相关结构。

在针轮的内部,输出凸缘6与端盖2通过定位销7和连接螺栓固定,形成一个圆柱形的中空壳体,RV齿轮在其中。曲轴中部两段偏心轮通过轴承支承在RV齿轮的座孔中,曲轴两端通过圆锥滚子轴承支承在输出凸缘和端盖上。

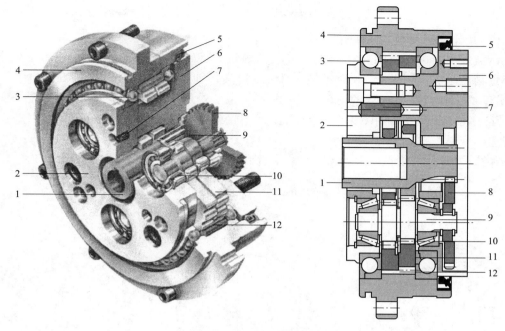

图 3-2-2 RV 减速器的结构
1-心轴;2-端盖;3-输出轴承;4-壳体(针轮);5-密封圈;6-输出凸缘(输出轴);7-定位销;8-行星齿轮;9-曲轴组件;10-滚针轴承;11-RV 齿轮;12-针齿销

可见,RV 齿轮、输出凸缘、端盖成为一个共同旋转的组件,通过轴承 3 支承在针轮的内缘中。当 RV 齿轮相对于针轮转动时,将带动输出凸缘/端盖组件一同旋转,作为 RV 齿轮的输出端。

(3)心轴及正齿轮减速机构。

心轴作为整个减速器的输入端,穿过输出凸缘、端盖、RV 齿轮的中心,心轴的一端固定有太阳轮,与三个行星轮同时啮合。

(二)谐波减速器工作原理及结构

1. 工作原理

(1)起始位置。

谐波发生器椭圆凸轮的长轴方向对准刚轮的 0°位置,此时,柔轮的基准齿也与刚轮的 0°位置齿对准,完全啮合。柔轮与刚轮的齿形完全相同,但柔轮比刚轮齿数少(比如 2 齿)。如图 3-2-3a)所示。

(2)刚轮固定,柔轮旋转时。

假设刚轮齿数 $Z_c = 102$,柔轮齿数 $Z_f = 100$。

谐波发生器的椭圆凸轮在输入轴带动下顺时针旋转,柔轮的外齿将顺时针与刚轮的内齿逐齿啮合,当椭圆凸轮顺时针转过 360°后,其长轴方向与刚轮的 0°基准位置重新对齐,其间必定经过了 102 齿的逐齿啮合,即柔轮也要经历 102 齿的啮合,由于柔一周只有 100 齿,故转到图 3-2-3b)位置时,柔轮相对于刚轮逆时针转过两齿,以补偿这一齿差。

在这种情况下,柔轮的外齿相当于和一个齿数为 2 的当量小齿轮外啮合,传动比为

$$i_1 = -\frac{Z_f}{Z_c - Z_f}$$

(3)柔轮固定,刚轮旋转时。

谐波发生器的椭圆凸轮在输入轴带动下顺时针旋转,柔轮的外齿将顺时针与刚轮的内齿逐齿啮合,当椭圆凸轮顺时针转过360°后,其长轴方向与柔轮的0°基准位置重新对齐,其间必定经过了100齿的逐齿啮合,即刚轮也要经历100齿的啮合,由于刚轮一周有102齿,多了两齿,故转到图3-2-3c)位置时,刚轮相对于柔轮顺时针转过两齿,以补偿这一齿差。

在这种情况下,刚轮内齿相当于和一个齿数为2的当量小齿轮内啮合,传动比为

$$i_2 = \frac{Z_c}{Z_c - Z_f}$$

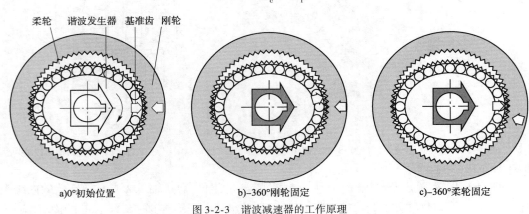

a)0°初始位置　　　b)-360°刚轮固定　　　c)-360°柔轮固定

图3-2-3　谐波减速器的工作原理

2. 谐波减速器的结构

谐波减速器由刚轮、柔轮、谐波发生器三部分组成,其中谐波发生器包括椭圆凸轮、轴承、连接板、卡簧、轴套等零件,如图3-2-4所示。

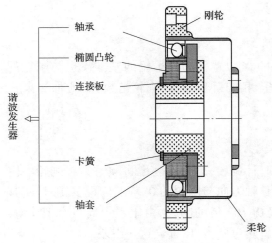

图3-2-4　谐波减速器的结构

(1)刚轮。

刚轮是一个刚性内齿圈,其齿数比柔轮略多(一般多2或4齿)。当刚轮固定,柔轮旋转时,刚轮周围的连接孔用来和基体连接;当柔轮固定,刚轮旋转时,刚轮周围的连接孔用来和输出端连接。

(2)柔轮。

柔轮是一个可以产生较大变形的金属薄壁弹性体,弹性体与刚轮啮合的部位制成外齿圈。水杯形弹性体的底部有连接孔,当柔轮固定或旋转时,可与基体或输出轴连接。

(3)谐波发生器。

谐波发生器内部是一个椭圆凸轮,凸轮的外缘套有能够弹性变形的薄壁滚珠轴承。当

凸轮套装入轴承内圈后,迫使轴承发生弹性变形,变成椭圆形状,并迫使柔轮外齿圈变成椭圆形状,从而使椭圆长轴方向的齿与刚轮齿啮合,短轴方向的齿与刚轮齿完全脱离,如图 3-2-5 所示。

图 3-2-5　谐波发生器的外形与组成

项 目 小 结

　　本项目对工业机器人的动力驱动系统进行了研究。首先对交/直流两种伺服驱动系统进行了详细分类和功能描述;然后以两种减速器为例,讲述了传动机构的组成和工作原理。同学们需要将伺服系统和传动系统串联起来学习,重点了解并掌握工业机器人整个动力系统的结构和原理。

项目四　工业机器人的控制系统

项目导入

如果机器人只有传感器和驱动器,机械臂就不能正常工作。因为传感器输出的信号不起作用,驱动电动机也得不到驱动电压和电流,因此机器人需要控制系统。工业机器人的控制系统能够控制机械臂末端执行器的运动位置;控制机械臂的运动姿态;控制运动速度和加速度;控制机械臂中各动力关节的输出转矩。同时,控制系统还具有操作方便的人机交互功能,机器人能够通过记忆和再现来完成规定的任务,使机器人对外部环境有检测和感觉功能。

本项目主要介绍了工业机器人控制系统的组成、控制系统的连接及机器人末端执行器气压驱动系统。

学习目标

1. 知识目标

(1) 能描述前驱 RBR 手腕结构;

(2) 能描述后驱 RBR 手腕结构;

(3) 能阐述机器人的基座及腰部结构;

(4) 能掌握机器人的下臂结构、上臂后段结构、R 轴传动。

2. 情感目标

(1) 培养良好的团队协作精神;

(2) 锻炼对复杂机械结构的分析方法。

任务一　工业机器人控制系统的组成

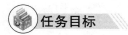

1. 知识目标
（1）阐述控制系统的作用；
（2）列举 R-30iB 控制系统的组成。
2. 教学重点
R-30iB 控制系统的连接方式。

一、R-30iB 控制系统概述

控制系统是决定机器人功能和性能的主要因素，相当于机器人的大脑。工业机器人要完成各个关节的运动控制，与周边设备协同工作，必须具备一个功能完善、灵敏可靠的控制系统。工业机器人控制系统的主要任务是控制机器人在运动空间中的位置、姿态、轨迹、操作顺序、运动速度等，同时具有友好的人机界面，可通过示教器对机器人作业任务进行编程。软件以菜单形式操作，具有在线操作、信号及参数设置、故障提示等功能。

现代机器人控制系统广泛地采用分布式结构，即上一级主控制计算机负责整个系统管理、坐标变换和轨迹插补运算等，下一级由许多微处理器组成，每一个微处理器控制一个关节运动，它们并行地完成控制任务，因而提高了工作速度和处理能力，各层级之间的联系通过总线形式的紧耦合来实现。

二、R-30iB 控制系统的组成

FANUC 机器人 R-30iB 控制系统的组成部分如图 4-1-1 所示。
1. 主板（MAIN BOARD）
主板上安装有微处理器（CPU）、轴控制卡、存储器、外围电路及操作面板控制电路。CPU 和轴控制卡控制着伺服系统的定位和伺服放大器的电压。
2. 电源单元（PUS）
电源单元的作用是将 AC 电源转换成不同数值的 DC 电源，与主板并排安装。
3. 可选插槽 IO 板（IO BOARD）
FANUC 机器人的输入/输出单元安装在和主板并排的可选插槽中，根据机器人与外围设备传输信号的类型及数量不同，以及控制机柜的型号不同（A 柜、B 柜、Mate 柜），可以选择多种不同的类型。IO 板的输入/输出信号通过连接器与外围的传感器及设备连接。
4. 急停板（E-STOP UNIT）
急停板是紧急停止单元。当按下急停按钮时，或者在机器人自动运行状态下（控制面板上模式开关置于AUTO)打开围栏门时,急停板控制机器人急停。

5.主板电池(MAIN BOARD BATTERY)

在控制器电源关闭之后,电池维持主板储存器状态不变,保证数据不丢失。

FANUC规定主板电池必须两年更换一次,否则会导致零点丢失,所有程序将因为失去基准而不能正常工作。主板电池是专用电池,只能向FANUC公司订购。

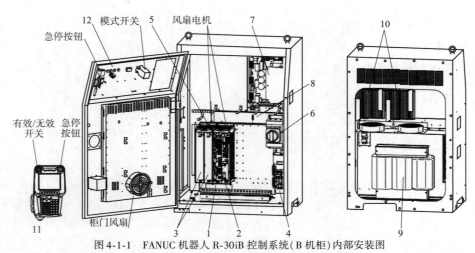

图4-1-1 FANUC机器人R-30iB控制系统(B机柜)内部安装图

1-主板;2-电源单元;3-可选插槽IO板;4-急停板;5-主板电池;6-线路断开器;7-伺服放大器;8-外部风扇单元;9-变压器;10-再生电阻;11-示教器;12-操作面板

6.线路断开器(BREAKER)

线路断开器与控制柜总电源开关装在一起,输入电源线路连接在断开器上。若控制柜内部的电子系统出现故障,或者由于非正常输入电源造成系统内电流过大,断开器将切断输入电源,保护控制柜内部系统。

7.伺服放大器(SERVO AMPLIFIER)

伺服放大器的作用是控制伺服电动机的电源和脉冲编码器,还负责制动控制和附加轴控制。

8.外部风扇单元(FAN UNITS)

外部风扇单元作为一种热交换器,作用是为控制柜内部降温。图4-1-2中除了风扇单元8外,还包含柜门风扇、主板风扇、电源单元风扇。

9.变压器(TRANSFORMER)

变压器的作用是将输入电压转换成控制器所需的AC电压。它安装在控制柜背面。

10.再生电阻(DISCHARGE RESISTOR)

再生电阻接在伺服放大器上,能够释放伺服电动机的逆向电场强度。它安装在控制柜背面。

11.示教器(TEACH PENDANT)

示教器提供人机界面,包括机器人编程在内的所有操作都能在该设备上完成。控制系统的状态和数据都显示在示教盒的液晶显示屏上。

12. 操作面板(OPERATION BOX)

操作面板的结构如图4-1-2所示。它包括模式开关、急停按钮、报警指示灯、报警解除按钮、开始按钮、电源指示灯、RS-232接口和USB接口。

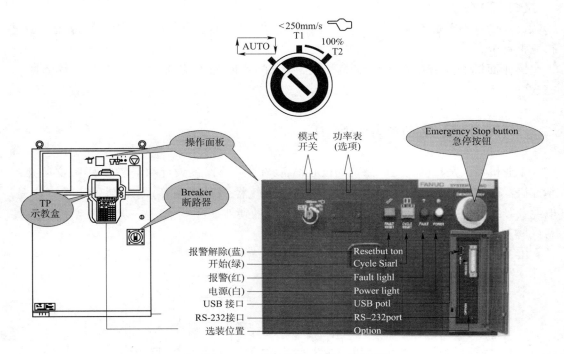

图4-1-2　R-30iB控制系统(B机柜)操作面板

(1) 模式开关。

R-30iB控制系统(B机柜)操作面板的模式开关有三种模式可以选择。

①AUTO模式。示教器有效开关置于"OFF",机器人程序处于自动运行状态,而非手动示教模式。

②T1模式。示教模式,限速<250mm/s。

③T2模式。示教模式,速度倍率100%,无限速。

(2) 急停按钮。

按下按钮,机器人瞬间停止。将按钮顺时针旋转,即可解除急停。

(3) 报警指示灯(红)。

当出现报警时,红色指示灯亮。

(4) 报警解除按钮(蓝)。

当故障排除后,确定机器人、末端执行器、工装夹具、外围设备等均恢复正常状态后,按下该按钮,解除报警状态,机器人方可运行。

(5) 开始按钮(绿)。

按下开始按钮,运行当前所选程序,运行过程中绿灯亮。

(6)电源指示灯(白)。

白色电源指示灯亮时,表示系统正常上电。

(7)RS-232 接口。

RS-232 接口用于与外部设备通信连接。

(8)USB 接口。

USB 接口用于系统数据备份。每次工作之后,都要通过该接口对用户程序、系统参数进行完整备份。

操作面板上没有电源 ON/OFF 开关,电源的通断操作应通过控制柜门上的断路器完成。

三、R-30iB 控制系统的连接

工业机器人是自动化生产系统的核心设备,在生产系统的设计和安装过程中,必须熟练掌握机器人控制系统与其他设备(机器人本体、示教器、外围设备等)的连接关系,接口位置,电缆及导线的连接方法。只有正确地搭建起系统的硬件平台,才能进一步设置系统参数、编写机器人程序。

R-30iB 控制系统与周围其他设备的连接包括六个部分,如图 4-1-3 所示。

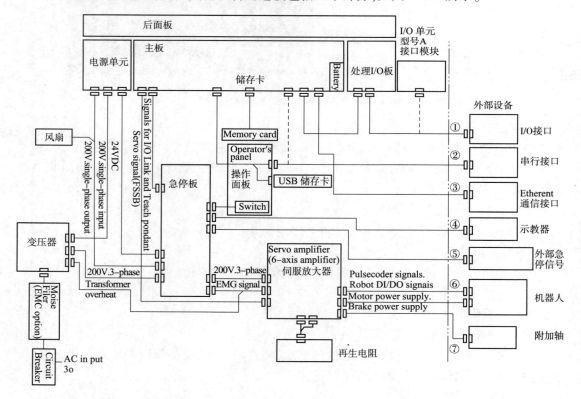

图 4-1-3　FANUC 机器人 R-30iB 控制系统框图

第一部分为外部设备的 I/O 信号接口,位于"处理 I/O 板"和"I/O 单元型号 A"上,即图中的①;第二部分为与外部设备的通信接口,包括位于主板和操作面板上的串行接口(②)以及主板上的以太网接口(③);第三部分为示教器接口(④),位于急停板上的;第四部分为外部急停信号接口(⑤),位于急停板上;第五部分为与机器人本体的接口(⑥),它位于伺服放大器上;第六部分为与附加轴的接口(⑦),它也位于伺服放大器上。

任务二　控制系统的连接

任务目标

1. 知识目标

(1) 描述 I/O 信号连接的方式及各连接方式的连接方法;
(2) 列举各通信接口并描述其连接方法;
(3) 列举急停板 7 个接口并描述其连接方法;
(4) 描述伺服放大器的连接方法。

2. 教学重点

控制系统各连接口的连接方法。

任务知识

在控制系统连接中,主要讲述机器人控制系统与外部设备的连接接口及信号的定义、作用、接口位置、接线原理及连接方法等,这是作为机器人应用和系统集成工程师必须要掌握的硬件知识和操作能力。

一、I/O 信号的连接

I/O 信号是机器人控制柜与外部设备连接的输入/输出数字信号,比如机器人与传送带、工件夹具、AGV 小车及 PLC 控制器之间的信号传输,将这些 I/O 信号以指令的形式植入到机器人程序中,用以控制机器人在适当的时候开始动作,或者命令外部设备完成配合动作,实现整个生产系统的协调运行。

(一) 输入/输出 I/O 接口的种类

FANUC 机器人的 R-30iB 控制系统与外围设备的 I/O 接口有四种类型,分别为处理 I/O 板 JA,处理 I/O 板 JB;处理 I/O 板 MA;处理 I/O 板 KA,处理 I/O 板 KB(用于焊机连接)以及 I/O 单元 A 型。

其中最常用的是处理 I/O 板 JA 和 JB,其他均为扩展 I/O 接口,需要根据外围设备类型及所需的 I/O 点数量来选用。

(二) 处理 I/O 板 JA 和 JB 的安装位置

处理 I/O 板 JA 和 JB 安装在后面板的可选插槽上,与主板和电源单元并排安装,如图 4-2-1 所示。

如果只有一块 I/O 板,则安装在插槽 3 上;如果有两块 I/O 板,且 JA 和 JB 各一块,则 JA 装在插槽 2,JB 装在插槽 3。图 4-2-1 所示为两块处理 I/O 板相同的情形。

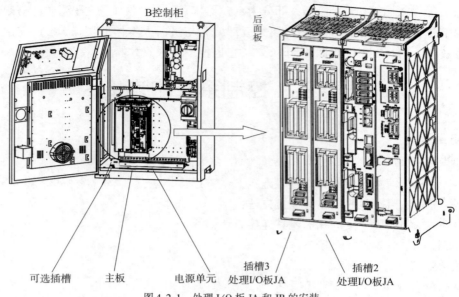

图 4-2-1　处理 I/O 板 JA 和 JB 的安装

(三)处理 I/O 板的连接

处理 I/O 板有三种连接方式,分别为与主板连接、I/O 板之间连接以及 I/O 板与外围设备之间的连接。

1. I/O 板与主板、I/O 板之间的连接

FANUC 机器人的 R-30iB 控制系统中,处理 I/O 板 JA、JB 与主板之间的连接电缆(1)、处理 I/O 板之间的连接电缆(2)均采用 I/O-Link 电缆,如图 4-2-2 所示。

I/O-Link 是独立于现场总线的二进制信号接口,它可以传输 I/O 数据到通信协议,采用串行双向的点对点连接方式,它与现有的通信接口和布线技术 100% 兼容,利用了现有的现场总线通信平台(FROFIBUS、FROFINET 等)。所有连接都采用简单、低成本、非屏蔽的标准 3 线电缆。

在每块处理 I/O 板上,I/O-Link 接口有两个,分别为 JD1B 和 JD1A。I/O-Link 电缆通过这两个接口进行连接。主板与处理 I/O 板为串联连接,JD1B 接口与上游部件连接,JD1A 接口与下游部件连接(图 4-2-2)。具体接口的位置如图 4-2-3 和图 4-2-4 所示。

2. 外围设备信号分类

(1)传感器的输入信号。

【例 1】　图 4-2-5 所示为输送带旁边的光电传感器。当物料到位时,传感器发出信号给机器人,机器人接收到信号后,执行运动指令去抓取物料。如果未接到该信号,则机器人处于静止等待状态。

【例 2】　图 4-2-6 所示为判断啤酒瓶是否倾倒。通过一高一低两个光电传感器信号进行判断。如果上下信号都有,说明酒瓶正常站立,机器人执行抓取;如果只有下面信号,没有上面信号,说明酒瓶翻倒,机器人不抓取;如果上下信号都没有,说明没有酒瓶。

> 项目四　工业机器人的控制系统

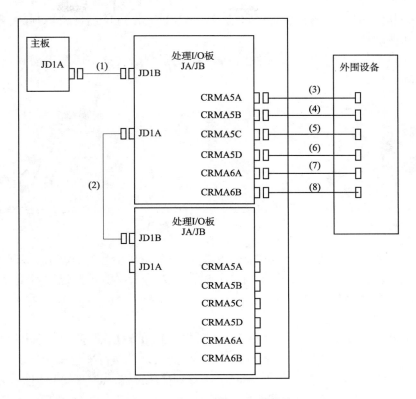

图 4-2-2　处理 I/O 板 JA、JB 的连接

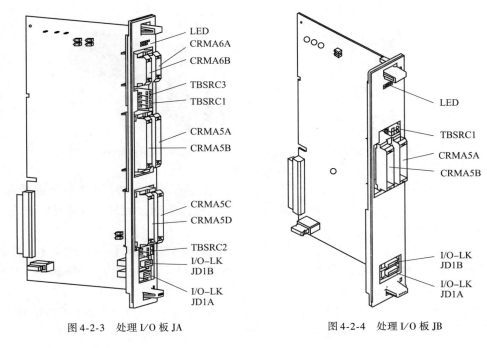

图 4-2-3　处理 I/O 板 JA　　　　　　图 4-2-4　处理 I/O 板 JB

将上述两个开关信号通过处理 I/O 板 JA、JB 的数字量输入端 DI 输入机器人,用机器人程序的逻辑判断语句进行分析,也可以将信号输入 PLC,由 PLC 进行逻辑判断,再指令机器人是否执行抓取动作。

【例3】 图4-2-7 所示为气缸磁性感应开关,用于判断气缸中活塞运动到达指定位置,表明活塞运动到位。

图4-2-5 例1 光电传感器与机器人的运动状态

图4-2-6 例2 光电传感器与判断酒瓶是否倾倒

图4-2-7 例3 气缸磁性感应开关

磁性感应开关用于气动手指气缸(图4-2-8)。开关发出信号时,说明活塞运动到气缸的底部,机器人手指完全并拢,没有抓到零件,此时机器人将末端执行器退回后重复抓取动作,重复达到程序规定的次数后,终止并报错。

(2)向执行器发出的输出信号。

当机器人运动到物料上方时,通过处理 I/O 板 JA、JB 的输出端,使 DO 输出信号为"ON",气动回路中的电磁阀(图4-2-9)通电产生动作,向机器人末端执行器气缸活塞的一侧供气,使气动手指张开,为抓取做好准备。随后,机器人下移到抓取位置,程序中使 DO 信号为"OFF",电磁阀断电回位,向末端执行器气缸活塞的另一侧供气,活塞反方向移动,使手指闭合,抓取零件。

图4-2-8 气动手指气缸

图4-2-9 电磁阀(气动)

(3)外围设备信号连接(处理 I/O 板连接的第三种情况)。

通过上面几个例子可以看出,在机器人程序中,除了运动指令外,另外一个重要内容就是机器人与外围设备之间的信号输入/输出指令。这些指令通过处理 I/O 板 JA、JB 的连接端子与外围设备连接。

处理 I/O 板 JB 提供 2 个接口,分别为 CRMA5A、CRMA5B,接口位置如图4-2-4 所示。

处理 I/O 板 JA 提供 6 个接口,分别为 CRMA5A、CRMA5B、CRMA5C、CRMA5D、CRMA6A、CRMA6B,接口位置如图4-2-3 所示。

其中,CRMA5A、CRMA5B、CRMA5C、CRMA5D 有 50 个端子,CRMA6A、CRMA6B 有 20 个端子,端子布置如图4-2-10~图4-2-14 所示。

01	*IMSTP			33	CMDENBL
02	*HOLD	19	ACK3/SNO3	34	SYSRDY
03	*SFSPD	20	ACK4/SNO4	35	PROGRUN
04	CSTOPI	21	ACK5/SNO5	36	PAUSED
05	FAULT RESET	22	ACK6/SNO6	37	DOSRC1
06	START	23	DOSRC1	38	HELD
07	HOME	24	ACK7/SNO7	39	FAULT
08	ENBL	25	ACK8/SNO8	40	ATPERCH
09	RSR1/PNS1	26	SNACK	41	TPENBL
10	RSR2/PNS2	27	RESERVED	42	DOSRC1
11	RSR3/PNS3	28	DOSRC1	43	BATALM
12	RSR4/PNS4	29	PNSTROBE	44	BUSY
13	RSR5/PNS5	30	PROD START	45	ACK1/SNO1
14	RSR6/PNS6	31	DIO1	46	ACK2/SNO2
15	RSR7/PNS7	32	DIO2	47	DOSRC1
16	RSR8/PNS8			48	
17	OV			49	+24E
18	OV			50	+24E

图 4-2-10　外围设备接口 CRMA5A

01	DI03			33	DO01
02	DI04	19	DO13	34	DO02
03	DI05	20	DO14	35	DO03
04	DI06	21	DO15	36	DO04
05	DI07	22	DO16	37	DOSRC1
06	DI08	23	DOSRC1	38	DO05
07	DI09	24	DO17	39	DO06
08	DI10	25	DO18	40	DO07
09	DI11	26	DO19	41	DO08
10	DI12	27	DO20	42	DOSRC1
11	DI13	28	DOSRC1	43	DO09
12	DI14	29	DI19	44	DO10
13	DI15	30	DI20	45	DO11
14	DI16	31	DI21	46	DO12
15	DI17	32	DI22	47	DOSRC1
16	DI18			48	
17	OV			49	+24E
18	OV			50	+24E

图 4-2-11　外围设备接口 CRMA5B

01	DI23			33	DO21
02	DI24	19	DO33	34	DO22
03	DI25	20	DO34	35	DO23
04	DI26	21	DO35	36	DO24
05	DI27	22	DO36	37	DOSRC2
06	DI28	23	DOSRC2	38	DO25
07	DI29	24	DO37	39	DO26
08	DI30	25	DO38	40	DO27
09	DI31	26	DO39	41	DO28
10	DI32	27	DO40	42	DOSRC2
11	DI33	28	DOSRC2	43	DO29
12	DI34	29	DI39	44	DO30
13	DI35	30	DI40	45	DO31
14	DI36	31	DI41	46	DO32
15	DI37	32	DI42	47	DOSRC2
16	DI38			48	
17	OV			49	+24E
18	OV			50	+24E

图 4-2-12　外围设备接口 CRMA5C

01	DI43			33	DO41
02	DI44	19	DO53	34	DO42
03	DI45	20	DO54	35	DO43
04	DI46	21	DO55	36	DO44
05	DI47	22	DO56	37	DOSRC2
06	DI48	23	DOSRC2	38	DO45
07	DI49	24	DO57	39	DO46
08	DI50	25	DO58	40	DO47
09	DI51	26	DO59	41	DO48
10	DI52	27	DO60	42	DOSRC2
11	DI53	28	DOSRC2	43	DO49
12	DI54	29	DI59	44	DO50
13	DI55	30	DI60	45	DO51
14	DI56	31	DI61	46	DO52
15	DI57	32	DI62	47	DOSRC2
16	DI58			48	
17	OV			49	+24E
18	OV			50	+24E

图 4-2-13　外围设备接口 CRMA5D

CRMA6A

01	DI63	08	DO65	14	DO61
02	DI64	09	DO66	15	DO62
03	DI65	10	DO67	16	DO63
04	DI66	11	DO68	17	DO64
05	DI67	12	DOSRC3	18	DOSRC3
06	DI68	13	DI70	19	+24E
07	DI69			20	0V

CRMA6B

01	DI71	08	DO73	14	DO69
02	DI72	09	DO74	15	DO70
03	DI73	10	DO74	16	DO71
04	DI74	11	DO75	17	DO72
05	DI75	12	DOSRC3	18	DOSRC3
06	DI76	13	DI78	19	+24E
07	DI77			20	0V

图 4-2-14 外围设备接口 CRMA6A、CRMA6B

CRMA5A、CRMA5B 接口采用的是 HONDA/MR-50L 型 50 针连接器,如图 4-2-15 所示,该连接器与 50 针端子台插接(图 4-2-16),可以将 CRMA 接口的 50 个端子引出到端子台对应的接线孔中。插接后,端子台的 1～50 号接线孔与连接器的 1～50 号端子根据编号一一对应相通,外部设备的连接导线全部接在端子台的接线孔中,并用螺钉固定,连接十分方便。

图 4-2-15 50 针连接器

图 4-2-16 50 针端子台

(4) CRMA5A、CRMA5B 接口中端子的构成及分配。

①电源端子。

CRMA5A、CRMA5B 接口中各有 50 个端子,每个端子都包含有 9 个电源端子和 1 个备用端子,这 9 个电源端子是:

a. +24V——2 个。用于输入信号(包括系统输入 UI 和数字输入 DI)的供电。

b. 0V——2 个。电源的公共负极。

c. DOSRC1——5 个。是输出信号(包括系统输出 UO 和数字输出 DO)的供电端,由外部供电,接外部电源的正极。

因外部负载的电流因设备而异,具有不确定性,为了保护机器人自身的电源安全,输出端所接外部负载的供电均由外部电源提供,不能够使用 CRMA5A、CRMA5B 接口自身提供的 24V 电源,这个电源只能用作输入信号的电源。

②输入/输出端子。

除去上述电源端子和备用端子,CRMA5A 和 CRMA5B 共有 80 个输入/输出端子,这些端子由以下三部分构成:

a. 供用户自定义的数字输入 DI 有 22 个。分别为 CRMA5A DI(01),DI(02);CRMA5B DI(03)~DI(22)。

b. 供用户自定义的数字输出 DO 有 20 个。分别为 CRMA5B DO(01)~DO(20)。

c. 被定义了特殊含义的输入/输出端子 38 个。这些端子被称为"系统输入 UI"和"系统输出 UO",用户不能定义。其中最常用的是 CRMA5A 接口中的 14 个系统输入信号 UI,这些信号与机器人程序自动运行有关,信号的定义内容见表 4-2-1。

常用的系统输入信号定义　　　　　表 4-2-1

端子号	系统输入	名称	定义
1	UI(1)	*IMSPT	信号为 OFF 时紧急停机
2	UI(2)	*HOLD	信号为 OFF 时机器人暂停
3	UI(3)	*SFSPD	信号为 OFF 时机器人被限速
8	UI(8)	ENBL	信号为 OFF 时禁止机器人运动
9	UI(9)	RSR1/PNS1	通过 RSR 或 PNS 指定要自动运行的程序名。其中 RSR 只能指定 8 个程序,PNS 可以指定 255(2 的 8 次方)个程序。
10	UI(10)	RSR2/PNS2	
11	UI(11)	RSR3/PNS3	
12	UI(12)	RSR4/PNS4	
13	UI(13)	RSR5/PNS5	
14	UI(14)	RSR6/PNS6	
15	UI(15)	RSR7/PNS7	
16	UI(16)	RSR8/PNS8	
29	UI(17)	PNSTROBE	读 UI(9)~UI(16)信号
30	UI(18)	PROD START	启动所选定的程序

(四)自动运行程序的方法

在自动生产线或工作站中,通过控制器(PLC)设置上述 14 个 UI 信号以自动启动指定的机器人程序,使生产线自动运行。信号设置步骤如下:

1. 基础信号(4 个)

给 UI(1)、UI(2)、UI(3)、UI(8)信号设置为 ON,使机器人处于非急停、非暂停、非限速的正常运行状态。

2. 指定程序名信号(8 个)

通过设置程序选择信号 UI(9)~UI(16)指定要调用的机器人程序名。

3. 读取程序名信号(1 个)

给信号 UI(17)设置为 ON,读取 UI(9)~UI(16)信号,使机器人获取要执行的程序名。

4. 启动程序信号(1 个)

给 UI(18)信号设置为 ON,然后 OFF,间隔时间大于 100ms,通过信号的下降启动所指定的程序。

(五)输入(DI、UI)/输出(DO、UO)信号的连接方法

1. 输入信号的连接方法

图 4-2-17 和图 4-2-18 所示是 CRMA5A 和 CRMA5B 接口的 14 个系统输入 UI 信号和 22 个数字输入信号 DI 的接线图。通过外部设备(如 PLC、开关或直接连接的导线),根据自动运行程序的要求,向 14 个 UI 端子输入所需的信号。

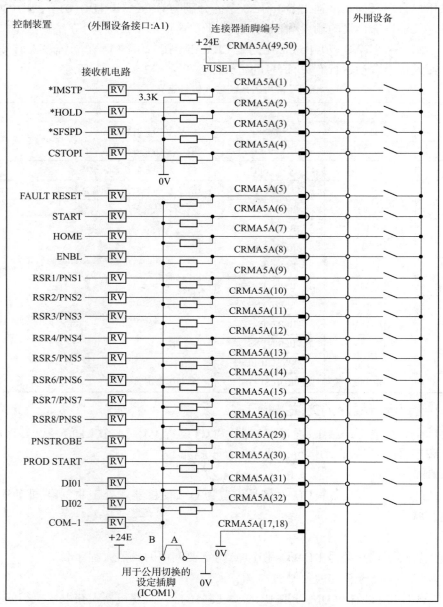

图 4-2-17 CRMA5A 和 CRMA5B 接口的 14 个系统输入 UI 和 2 个数字输入 DI

信号电源来自控制系统内部提供的 24V 电源,通过 CRMA5A(49、50)和 CRMA5B(49、50)端子提供正极。

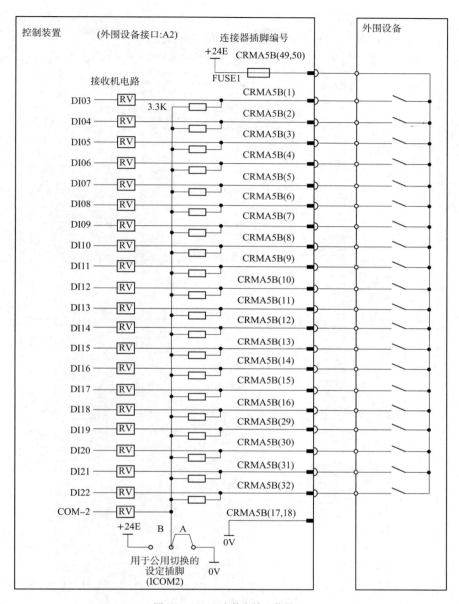

图 4-2-18　20 个数字输入信号 DI

2. 输出信号的连接方法

图 4-2-19 所示为 CRMA5B 接口的 20 个数字输出信号 DO 的接线图。

R-30iB 控制系统的数字输出信号只是一个晶体管开关量,要通过该开关量驱动外部设备工作。比如,给电磁阀线圈通电,使电磁阀动作;接通机器人末端执行器气缸的供气回路,就必须在回路中接入外部 24V 电源。

外部 24V 电源的正极通过 CRMA5A 和 CRMA5B 接口中的 DOSRC1 端子(每个接口 5个)向控制装置的驱动器电路供电,当系统输出某个 DO 信号时,对应的驱动电路导通,外部电源向负载供电,该负载对应的执行器产生动作。

每个接口的 5 个 DOSRC1 端子(端子号:23、28、37、42、47)分别向不同的输出驱动电路供电,因此要求所有 DOSRC1 端子都要和外部电源的正极连接。

外部电源的负极除了与负载的负极连接外,同时还需与 0V 端子 CRMA5B(17、18)连接。

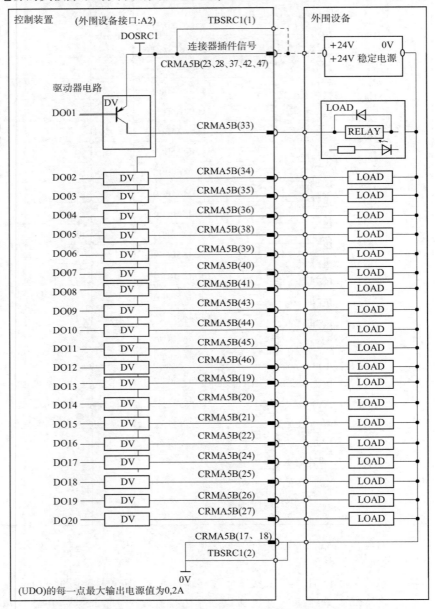

图 4-2-19　CRMA5B 接口的 20 个数字输出信号 DO

3. TBSRC1 接口的作用

TBSRC1 接口被称为电源端子台,端子定义见表 4-2-2,位置如图 4-2-3 和图 4-2-4 所示。

TBSRC1 的 1 号端子 DOSRC1 与 CRMA5A 和 CRMA5B 的所有 DOSRC1 端子(23、28、37、42、47)在控制器内部连通(图 4-2-19)。

TBSRC1 的 2 号端子 0V 与 CRMA5A 和 CRMA5B 的所有 0V 端子(17、18)在控制器内部连通(图 4-2-19)。

当外部电源与机器人控制器距离较远时,会导致施加于负载的电压较低,此时应从 TBSRC1 端子台供电,即将外部电源的正、负极通过电阻较低的 TBSRC1 电缆与 TBSRC1 端子台连接(图 4-2-19 虚线所示),再通过控制器内部向 DOSRC1 端子供电。

电源端子台 TBSRC1　　　　　　　　　　　　　　　　表 4-2-2

1	DOSRC1	2	0V

(六)关于其他 I/O 接口

以上介绍了最常用的处理 I/O 板 JA、处理 I/O 板 JB 的接线方法,其他 I/O 接口的接线方法见"FANUC 控制系统 R-30iB 说明书"(资料编号:B-83195CM/05)。

二、通信接口的连接

在大型自动化生产系统中,生产设备的台套数和种类众多,相互之间的信号传输量庞大,如果采用数字 IO 的方法对每个信号单独接线,工作量巨大,而且线路复杂,容易出错。另外,对于模拟量信号,如视觉相机产生的位置信号,用数字 IO 信号的方法传输就不适合。因此在这些情况下,需要机器人以一种更高效便捷的方法与外部设备进行通信,主要有串行接口和以太网接口两种形式。

(一)串行接口 RS-232C

1. 接口 RS-232C 的连接

RS-232C 传输距离一般不超过 20m,并且只允许一对一通信,适合本地设备之间的通信。而 RS-485 的传输距离为几十米到上千米,并且在总线上允许连接多达 128 个收发器。

R-30iB 控制系统采用的就是 RS232C 接口,位置在主板,如图 4-2-20 所示的 JD17 和操作面板(图 4-1-3)上。

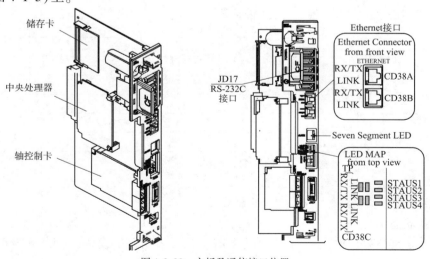

图 4-2-20　主板及通信接口位置

R-30iB 控制系统 RS-232C 接口规格为 HONDA20 针连接器 PCR-E20FS,其信号名称如图 4-2-21 所示;接线图如图 4-2-22 所示;盖板为 PCR-V20LA,如图 4-2-23 所示。连接端子定义如图 4-2-24 所示。

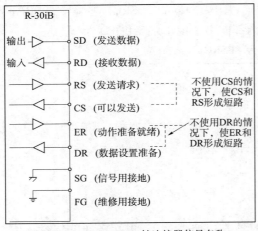

图 4-2-21 HONDA20 针连接器信号名称

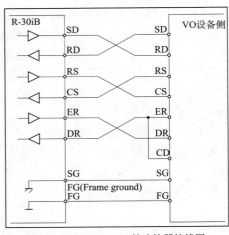

图 4-2-22 HONDA20 针连接器接线图

图 4-2-23 HONDA20 针连接器及盖板

JD17			
1	RD	11	SD
2	SG	12	SG
3	DR	13	ER
4	SG	14	SG
5	CS	15	RS
6	SG	16	SG
7		17	
8		18	
9		19	+24V
10	+24V	20	

图 4-2-24 连接器端子定义图

2. RS-232C 接口信号的工作原理

(1)联络控制信号线。

①设备状态信号。

数据发送准备好(DR)——有效时为"ON"状态,表明通信设备(DCE)处于可以使用的状态。

数据终端准备好(ER)——有效时为"ON"状态,表明数据终端(DTE)处于可以使用的状态。

这两个设备状态信号有效,只表示设备本身可用,并不说明通信链路可以开始进行通信了,能否开始通信需要由控制信号决定。

②控制信号。

请求发送(RS)——用来表示数据终端(DTE)请求通信设备(DCE)发送数据,即当终端准备要接收通信设备传来的数据时,使该信号有效(ON 状态),请求通信设备发送数据。它用来控制通信设备是否要进入发送状态。

允许发送(CS)——用来表示通信设备准备好接收 DTE 发来的数据,是与请求发送信号 RS 相应的信号。当通信设备准备好接收终端传来的数据,使该信号有效,通知终端开始沿发送数据线 SD 发送数据。

(2)数据发送与接收线。

发送数据(SD)——通过 SD 将串行数据发送到通信设备(DTE→DCE)。

接收数据(RD)——通过 RD 接收从通信设备发来的串行数据(DCE→DTE)。

(3)地线。

FG——Frame grand,维修用接地。

SG——Sig. GND,信号接地。

(二)以太网接口及连接

1. 以太网接口

R-30iB 控制系统提供两个通用的以太网(Ethernet)100BASE-TX 接口,接口在主板上,位置代号是 CD38A 和 CD38B,如图 4-2-25 所示。

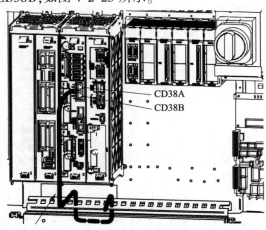

图 4-2-25 以太网 CD38A 和 CD38B 接口

100BASE-TX 接口中,TX+代表发送+;TX-代表发送-;RX+代表接收+;RX-代表接收-,如图 4-2-26 所示。

2. 以太网的连接

机器人 R-30iB 控制系统通过以太网电缆及 HUB 网络集线器与上位机(电脑、PLC 控制器、工控机)连接,如图 4-2-27 所示。

HUB 网络集线器是一个多端口的转发器,在以 HUB 为中心设备时,即使网络中某条线路产生了故障也不影响其他线路的工作。因此 HUB 在局域网中得到了广泛应用。HUB 根据对输入信号的处理方式不同,可以分为无源 HUB、有源 HUB、智能 HUB。

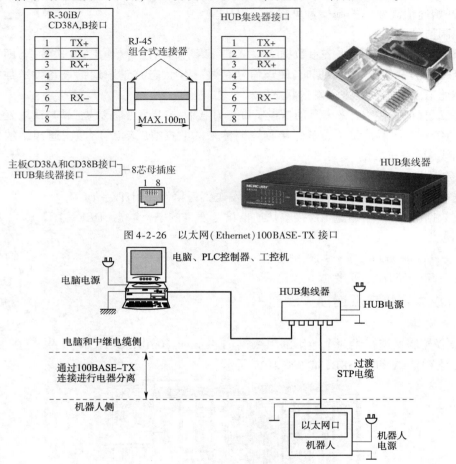

图 4-2-26 以太网(Ethernet)100BASE-TX 接口

图 4-2-27 以太网(Ethernet)连接

(1)无源 HUB。

无源 HUB 是最低级的形式,不对信号作任何处理,对传输距离没有扩展,并且对信号有一定的衰减影响。连接在这种 HUB 上的每台计算机或设备都能收到来自同一 HUB 上所有其他设备发出的信号。

(2)有源 HUB。

有源 HUB 与无源 HUB 的区别在于,它能对信号放大,延长两台主机间的有效传输距离。

(3)智能 HUB。

除具备有源 HUB 所有功能外,智能 HUB 还有网络管理及路由功能。在智能 HUB 网络中,不是每台机器都能收到信号,只有拥有与信号目的地址相同地址端口的计算机才能收到。有些智能 HUB 可自行选择最佳路径,对网络进行更科学的管理。

一般小规模生产自动化系统采用无源 HUB 网络集线器即可满足要求。

3. 以太网的防干扰措施

以太网通信的优点是连接方式简单,通过一根网线即可以传输机器人与上位机之间的所有信号,因而使布线工作量大大减少。但是,以太网容易受到外界干扰源的影响,如果出现通信故障,导致信号不能正常传输,会使生产过程发生混乱,甚至发生机械事故,因此需要从以下三方面采取措施:

(1)设备调试运行前,必须进行通信测试。

(2)远离干扰源。网络电缆的铺设应避免受到其他干扰源的影响;网络电缆与动力电缆不能使用同一穿线孔;网络电缆与电动机、接触器等干扰源也要保持足够距离。

(3)保证所有设备可靠接地,接地电阻小于 100Ω。主要包括以下几方面。

①接地线应与 AC 电源地线直径相同或大于其直径($>5.5mm^2$)。

②所有设备接地线尽量采用不同路径。由于接地线与电源线在同一个插头中,所以应使不同设备,尽量使用不同的电源插口。不同设备的接地线应分别布线,不可将接地线合并。

③即使在机器人接地可靠的情况下,机器人本身的干扰信号也会进入通信线路。为避免此类信号的窜入,有效的做法是使机器人侧与以太网干线电缆、电脑及上位机之间通过过渡电缆相互分离,以便使干扰信号绝缘(图 4-2-27)。

三、急停板及信号连接

工业机器人在运行过程中,如果遇到紧急情况(如安全门突然被打开、外部设备出现故障、气动系统压力不足等),需要机器人紧急停机,或者机器人本身出现故障,需要通知外部设备紧急停机时,可以通过控制柜中的急停板与外部设备之间传输急停信号,急停信号对于机器人的安全运行极为重要。

在图 4-1-4,R-30iB 控制系统框图中,机器人控制系统与其他设备相连接的有 7 个接口,其中示教器接口④(CRS36)和外部急停接口⑤的位置在急停板上。外部急停接口⑤包括外部急停开关、安全栅栏开关、伺服关断开关、急停输出信号、外部电源连接五部分,如图 4-2-28 所示。

(一) 示教器接口

示教器连接在急停板的 CRS36 接口上,位置如图 4-2-29、图 4-2-30 所示。

(二) 外部急停开关、安全栅栏门开关、伺服关断开关的作用及连接

外部急停开关、安全栅栏门开关及伺服关断开关的信号是急停输入信号,连接在端子台 TBOP11 上,如图 4-2-28 所示。

1. 作用

(1)外部急停开关、伺服关断开关的作用。

FANUC 机器人除了在示教器和控制柜操作面板上设置了急停开关以外,还提供了另外两个专门的连接接口,即外部急停开关接口和伺服关断开关接口。使用户能够在生产线的任何地方安装其他急停按钮,称为外部急停按钮,方便操作者遇到紧急情况需要停机时,通过最近的急停按钮停止生产线运行。

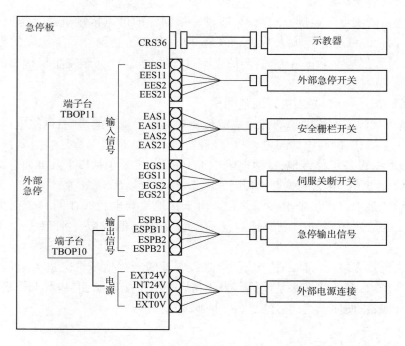

图 4-2-28 急停板的连接

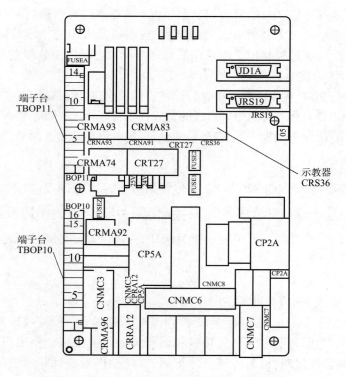

图 4-2-29 急停板上示教器接口、外部急停信号接口

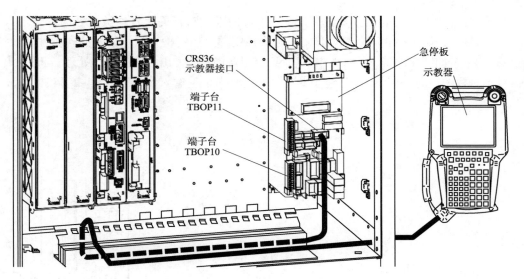

图 4-2-30　急停板上示教器接口、外部急停信号接口

比如,对于长距离的自动生产线,如果只有一个操作人员进行看护,当出现紧急情况时,操作人员来不及赶到控制柜或示教器所在位置,此时在生产线多个地方安装急停按钮就显得尤为重要。这和在超市中的长距离自动扶梯中间多个部位安装急停按钮是一样的道理。

把外部急停按钮连接至外部急停开关接口时机器人的操作与把外部急停按钮连接至伺服关断开关接口上的处理有所不同。

①共同点:当按下外部急停按钮时,不论按钮接在哪个接口上,机器人都会暂停程序运行,断开伺服电源并报警。

②区别:停止方式不同。如果急停按钮连接在外部急停开关接口上,则当按下按钮时,机器人的动作是瞬间停止;如果按钮连接在伺服关断开关接口上,当按下按钮时,机器人的动作是减速停止。

(2) 安全栅栏开关的作用。

安全栅栏开关与安全栅栏门的门栓联动。当控制柜操作面板上的模式开关置于 AUTO 的情况下,生产线处于自动运行状态,打开安全栅栏门时,安全栅栏开关断开,机器人作如下处理:减速停止,暂停程序运行,断开伺服电源,并报警。

当控制柜操作面板上的模式开关(图4-2-31)置于 T_1 或 T_2 时,机器人处于调试状态,安全栅栏开关不起作用。打开安全门,机器人仍然可以通过示教器操作,进行编程、调试等工作。

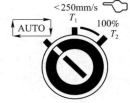

图 4-2-31　模式开关

2. 连接

外部急停开关、安全栅栏开关、伺服关断开关这三个接口在端子台 TBOP11 上,连接在接口上的开关均为双联开关。双联同时动作,其中一联开关控制电源正极(+24EXT)的通断,另一联开关控制电源负极(0EXT)的通断,由此构成的回路具有双重保险机制,只要其中一联开关起作用,回路就会被切断,急停功能就会生效。外部急停开关、安全栅栏开关、伺服关断开关的连接如图 4-2-32 所示。

可见，外部急停开关信号、安全栅栏开关信号、伺服关断开关信号均被设计为双重输入信号，双重信号应该始终在相同时刻动作。机器人控制器会始终检查双重信号的同步性，即时序是否满足要求，如图4-2-33所示，如果不满足，控制器仍然会做出相应的急停处理，同时发出双重信号不一致的报警。在急停信号连接时，不可以使用单重输入信号，如图4-2-34所示。

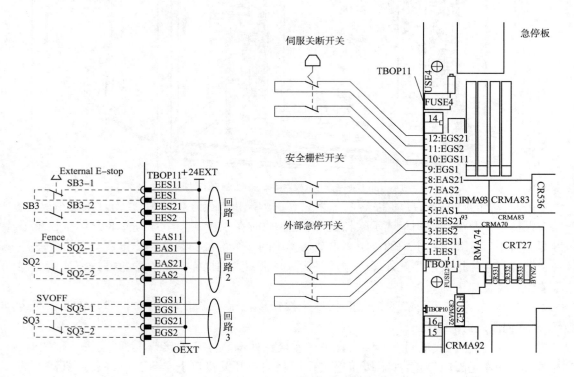

图 4-2-32　外部急停开关、安全栅栏开关、伺服关断开关的连接

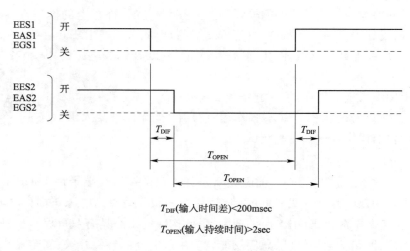

T_{DIF}(输入时间差)<200msec

T_{OPEN}(输入持续时间)>2sec

图 4-2-33　双重信号的时序

3. 急停输入信号的出厂状态

外部急停开关、安全栅栏开关、伺服关断开关的连接端子在出厂时使用跨接线进行了跨接,如图4-2-35所示。如果自动生产线不需要安装这些开关,则保持这些跨接导线为出厂状态;如果需要连接相应开关,需将跨接线取出,再连接导线。

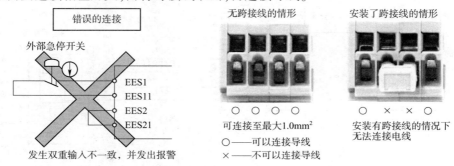

图4-2-34 只有单重输入信号情况   图4-2-35 跨接导线

(三)急停输出信号

急停输出信号,连接在端子台TBOP10上,如图4-2-28、图4-2-36所示。

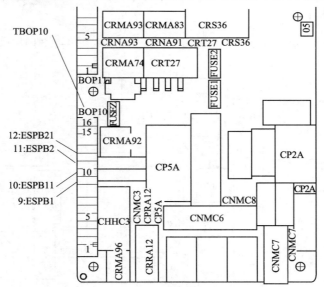

图4-2-36 急停输出信号连接

当按下机器人示教器或控制柜操作面板上的急停按钮时,只能停止机器人的运动。在有些情况下,需要与机器人协同工作的传送带、机床等其他工作设备也一起停止工作。为了满足这一要求,FANUC机器人R-30iB控制系统设置了急停输出信号。当示教器或控制柜操作面板的急停按钮按下时,急停板内部的双重输出开关同时断开,如图4-2-37所示,用这个双重输出的急停信号来控制周边设备停机。

机器人控制装置不对双重输出急停信号的同步性(时序)进行检验,用户根据生产系统的安全需要,在必要的时候设置安全继电器单元,对机器人控制装置输出的双重急停信号的同步性(时序)进行检验。如果不能满足时序要求,发出报警。

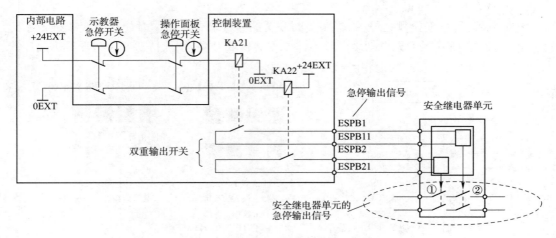

图 4-2-37 急停输出信号

由图 4-2-37 可以看出,对应机器人控制装置的双重急停输出信号,安全继电器单元有两个输出信号①和②,且每个输出信号又设置为双重输出,进一步提高了外围设备急停的可靠性。

(四) 外部急停电源

外部急停电源连接在端子台 TBOP10 上,如图 4-2-28、图 4-2-38 所示。

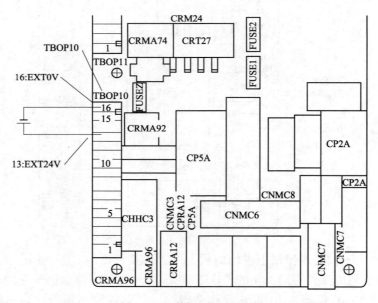

图 4-2-38 外部急停电源连接

图 4-2-39 中,+24E 和 0V 是急停板的内部电源。当使用急停板内部电源时,用跨接导线跨接 INT24V 和 EXT24V、INT0V 和 EXT 0V,将内部电源接入电路。

当使用外部电源时,取下跨接导线,将外部电源正极 24V 接在 EXT24V 上,将外部电源负极 0V 接在 EXT 0V 上,将外接电源接入电路,如图 4-2-40 所示。

在使用外部电源的情况下,由于急停输出电路由外部电源供电,即使机器人控制系统断电,急停双重输出开关仍然动作,即示教器或控制柜操作面板上的急停按钮不按下时,双重输出开关闭合;按下时,双重输出开关断开。这样,在控制系统断电的情况下,急停输出信号仍然有效,仍然可以通过急停按钮将外部设备停机,进一步提高了外部设备急停的可靠性。

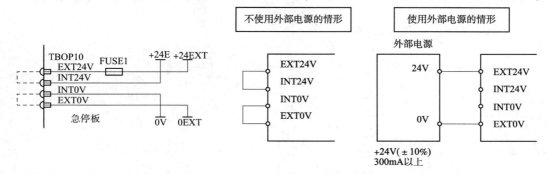

图 4-2-39　急停板内部电源的连接　　　　图 4-2-40　使用与不使用外部电源的对比

四、伺服放大器

伺服放大器作为伺服系统的重要组成部分,担负着控制伺服电动机运动和为电动机提供动力电源的作用。工业机器人的伺服放大器一般被集成在机器人控制柜中,成为控制柜的一部分,其控制信号也来自控制柜中的主板和急停板,因此,为保证控制柜系统的完整性,将伺服放大器这部分内容安排在本项目中讲述。

(一)伺服放大器的作用

伺服放大器是用来控制伺服电动机的一种控制器,属于伺服系统的一部分,主要应用于高精度的定位系统。一般是通过位置、速度和力矩三种方式对伺服电动机进行控制,实现高精度的传动系统定位。

伺服放大器作为现代运动控制系统的重要组成部分,被广泛应用于工业机器人及数控加工中心等自动化设备中。当前交流伺服驱动器设计中普遍采用基于矢量控制的电流、速度、位置3闭环控制算法。该算法中速度闭环设计合理与否,对于整个伺服控制系统,特别是速度控制性能的发挥起关键作用。

目前主流的伺服驱动器均采用数字信号处理器(DSP)作为控制核心,可以实现比较复杂的控制算法,实现数字化、网络化和智能化控制。功率器件普遍采用以智能功率模块(IPM)为核心设计的驱动电路。IPM内部集成了驱动电路,同时还包含过电压、过电流、过热、欠压等故障检测保护电路,在主回路中还加入软启动电路,减小了启动过程对驱动器的冲击。

(二)伺服放大器的连接

伺服放大器与控制柜之外其他设备的连接电缆有三部分,如图 4-2-41 所示,分别是:

(1)伺服电动机动力电缆,与机器人本体连接。序号①~⑥为 J1~J6 轴伺服电动机电源接口;序号⑦为 J1~J6 轴伺服电动机电源地线 CNGA 和 CNGC;序号⑧为 J1~J6 轴制动 CRR88 接口。

（2）脉冲编码器 SPC 信号及机器人输入/输出 RI/RO 信号电缆，与机器人本体连接。序号⑨为 CRF8 接口。

（3）附加轴电缆，与附加轴系统连接。序号⑩为附加轴电源 CRRA13 接口；序号⑪为附加轴制动 CRR65 接口；序号⑫为附加轴超程信号 CRM68 接口。

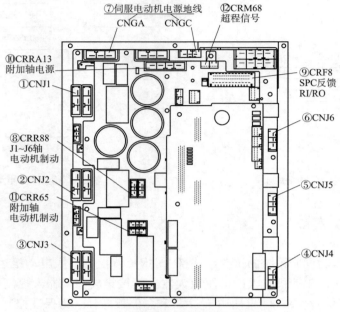

图 4-2-41　伺服放大器主要接口位置

如果工业机器人具有 4 个或 6 个自由度，则被称为四轴或六轴机器人，同时机器人控制系统允许增加附加轴。比如行走轴，使机器人能够沿轨道运动，扩大工作范围；又比如与焊接机器人协同工作的变位机，使焊接机器人能够完成空间复杂轨迹的焊接任务。机器人控制系统可以控制附加轴与机器人协同动作，使机器人完成更复杂的作业任务。

伺服电动机动力电缆、脉冲编码器 SPC 信号及机器人输入/输出 RI/RO 信号电缆在机器人一侧合并连接在一个连接器上，如图 4-2-42 中的 RMP1，动力电缆及信号电缆的连接如图 4-2-43 所示。

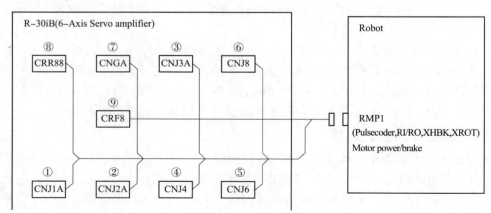

图 4-2-42　机器人侧连接

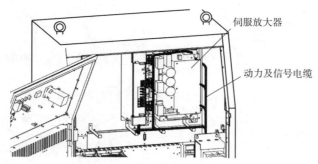

图 4-2-43　动力电缆及信号电缆的连接

(三) 伺服放大器电路板的三层结构

伺服放大器由上、中、下三层电路板构成。伺服放大器与外部连接电缆的接口主要分布在各层电路板的周边位置,它的整体效果图及各单板效果图参照图 4-2-44 ~ 图 4-2-47 所示。

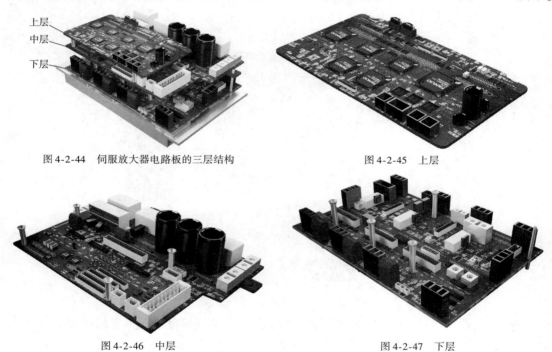

图 4-2-44　伺服放大器电路板的三层结构　　　　图 4-2-45　上层

图 4-2-46　中层　　　　图 4-2-47　下层

任务三　机器人末端执行器气压驱动系统

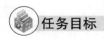任务目标

1. 知识目标

(1) 描述末端执行器气压驱动系统的工作原理;

(2) 列举气压驱动系统的主要部件;

(3) 描述气压驱动系统各组成部件的结构特征。

2. 教学重点

末端执行器气压驱动系统的工作原理。

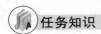 **任务知识**

机器人末端执行器的气压驱动系统用来为末端执行器提供压缩空气或真空动力源,该系统受机器人输出信号控制,通过电磁阀控制气路在需要的时候接通,从而向末端执行器的气缸或真空吸盘提供动力,使执行器动作。

一、末端执行器气压驱动系统工作原理

以典型气压驱动系统为例,如图 4-3-1 所示。它的工作原理是:首先由空压机产生压缩空气,经过减压阀之后分成两路:一路经过单控电磁阀去往真空发生器,由真空发生器产生的真空度,一路去压力表;另一路去真空吸盘,用来吸附工件。

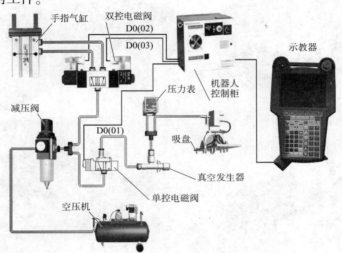

图 4-3-1 末端执行器气压驱动系统

由减压阀出来的另一路压缩空气去往双控电磁阀,从双控电磁阀出来的压缩空气,一路去双指气缸的一侧;另一路去双指气缸的另一侧。

单控电磁阀为两位三通阀,当线圈得电时,压缩空气经过该阀去往真空发生器,由真空发生器产生真空;当线圈失电时,真空发生器通过该阀通大气,不产生真空。

双控电磁阀为两位五通阀,两侧线圈必须一侧得电,同时另一侧失电。比如,当左侧线圈得电,右侧线圈失电时,压缩空气通往双指气缸的一侧,双指气缸另一侧通大气,双指张开,为抓取做工件准备;反之,当右侧线圈得电,左侧线圈失电时,电磁阀换位,双指气缸两侧进/出气情况相反,气缸内活塞反向运动,双指收拢,抓取工件。

单控/双控电磁阀线圈的得/失电由机器人控制系统的 DO 数字输出信号控制:DO(1) = ON 时,单控电磁阀得电;DO(2) = ON 时,双控电磁阀左侧得电;DO(3) = ON 时,双控电磁阀右侧得电。

数字输出信号的状态可用两种方法控制。当进行编程或调试时,由示教器手动控制输出信号的状态;当机器人程序运行时,通过程序中的指令语句控制输出信号的状态。

二、气压驱动系统主要部件的结构原理

(一)真空发生装置的形式

真空发生装置是吸附式末端执行器的动力源装置。依据使用场合不同,真空发生装置可以为多种形式,经常使用的形式有三种,分别为真空泵和真空罐组成的真空发生装置、压缩空气为动力的双活塞式气缸以及真空发生器。

1. 真空泵和真空罐

真空泵和真空罐组成的真空发生装置中,真空泵可按需要选用标准市售产品,真空罐经常处于真空状态,用以迅速在真空夹具内腔中产生真空,其容积应为夹具内腔的 15~20 倍。真空泵、真空罐如图 4-3-2 所示。

2. 活塞式气缸

当使用一台或数台真空夹具,夹具中真空腔容积总量不大时,也可以不用真空泵,以压缩空气为动力的双活塞式气缸来代替,如图 4-3-3 所示。图中,两个活塞 1 共同装在活塞杆 2 上;管接头 3、4 与气源相通;管接头 5 与真空夹具相连。夹具开始工作前,压缩空气经分配阀从管接头 4 进入气缸 B 腔,活塞向上移动,将 C 腔中的空气压入大气中。真空夹具工作时,压缩空气由管接头 3 进入 A 腔,活塞向下移动,于是 C 腔抽成真空。这种装置的特点是真空度低,但可以满足一般要求。

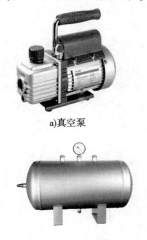

图 4-3-2 真空泵和真空罐
a)真空泵
b)真空罐

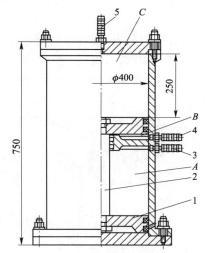

图 4-3-3 真空传动用双活塞式气缸(单位:mm)
1-两个活塞;2-活塞杆;3、4、5-管接头

3. 真空发生器

真空发生器是利用正压气源产生负压的一种新型、高效、清洁、经济、小型的真空元器件。这使得在有压缩空气的地方或在一个气动系统中同时需要正负压的地方,获得负压变得十分容易和方便,图 4-3-4 为常用的几款真空发生器。

a) 真空发生器　　　　　　　b) 多级真空发生器

图 4-3-4　常用的几款真空发生器

真空发生器广泛应用在工业自动化中机械、电子、包装、印刷、塑料及机器人等领域。真空发生器的传统用途是与吸盘配合,进行各种物料的吸附、搬运,尤其适合吸附易碎、柔软、薄的非铁、非金属材料或球形物体。这类应用的一个共同特点是所需的抽气量小,真空度要求不高且为间歇工作。

(二) 真空发生装置

真空吸盘包括吸盘和吸盘座两部分,如图 4-3-5 所示。

吸盘　　　　吸盘座

图 4-3-5　吸盘及吸盘座

1. 吸盘

吸盘由优质硅橡胶制成,具有很好的弹性,吸盘唇口能够与工件紧密贴合,如图 4-3-6a) 所示。吸盘主要尺寸参数有外径 D、总高 H、唇口直径 d 和安装孔直径 S,如图 4-3-6-b) 所示。总高 H 是未吸附,自由状态下的高度;唇口直径 d 要小于被吸附的工件上平面尺寸;安装孔直径 S 是配合尺寸,负公差为 $-0.5 \sim 0$mm,即安装孔直径 S 小于真空吸盘座安装轴颈的外径,保证真空气密性,确保工件被吸附牢固。

 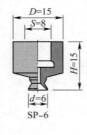 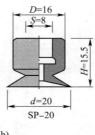

a)　　　　　　　　　　　　b)

图 4-3-6　吸盘及其主要尺寸参数(单位:mm)

2. 吸盘座

吸盘座安装轴颈与吸盘安装孔的配合尺寸是 S,如图 4-3-7 所示,两者为过盈配合。通过吸盘橡胶材料在配合部位的弹性变形,保证两者紧密贴合。

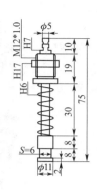

图 4-3-7　吸盘座及其主要尺寸参数(单位:mm)

整个真空吸盘及吸盘座部件通过其安装座和安装螺母固定在夹具的吸盘安装板上。安装座为中空套筒,吸盘座导管从中间穿过。在吸盘导管和安装座之间有缓冲弹簧,保证机器人向下移动距离较大时不至于碰伤吸盘。吸盘座导管的上端是气管接头,其外缘为倒刺形状,防止连接的气管在气压作用下脱出。倒刺段下缘旋有螺母,拆下该螺母后,可以分解整个吸盘座部件。

3. 气动换向阀

气动换向阀的外形结构如图 4-3-8 所示。

本部分以 2 位 5 通双控电磁阀为例对其工作原理进行讲解。

2 位 5 通双控电磁阀(图 4-3-9)中,1 为空气入口,接气源;3、5 为排气口;4、2 分别接气缸活塞两侧气室。

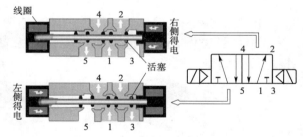

图 4-3-8　气动换向阀的外形结构　　　图 4-3-9　2 位 5 通双控电磁阀的工作原理

当右侧线圈得电时,活塞向左移,1 与 2 接通,向活塞一侧气室供气,活塞另一侧气室通过 4 与 5 接通,连通大气;当左侧线圈得电时,活塞向右移,1 与 4 接通,向活塞另一侧供气,活塞对面一侧气室通过 2 与 3 接通,连通大气,活塞反方向运动。

4. 气缸

气缸是气压传动中,将压缩气体的压力能转换为机械能的气动执行元件。目前应用最多的是往复直线运动气缸。比较典型的是标准气缸和双杆气缸,如图 4-3-10 所示。单活塞杆是标准气缸,可以产生往复直线运动;双杆气缸,由于有两根活塞杆,因此直线运动的导向性好,用于要求推送位置精确的场合。

集成式气缸是工程上用得比较多的一种气缸,这类气缸是将气压夹持式末端执行器的各组成部分集成在一个很小的壳体中,只有夹爪部分露在壳体外面。它的特点是体积小、安装简便,高度集成化使得执行器的故障率低,成本下降。比较典型的有两指气缸、三指气缸,如图 4-3-11 所示。三指气缸主要用于夹持圆形工件。目前的气缸一般都实现了双向进/排气,可以完成向内夹紧和向外撑开的两种夹持动作。

气缸壳体表面凹槽中可以安装磁性开关。当活塞运动到极限位置时,发出信号给控制器,说明夹爪已经完全合拢,即抓空,没有抓到工件。磁性开关如图 4-3-12 所示。

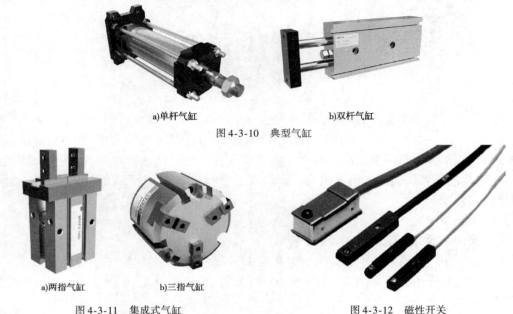

a)单杆气缸　　　　　　　b)双杆气缸

图 4-3-10　典型气缸

a)两指气缸　　　b)三指气缸

图 4-3-11　集成式气缸　　　　图 4-3-12　磁性开关

5. 辅助部件

气动系统的辅助部件包括管路、接头、压力表及消声器等,如图 4-3-13 所示,主要用来连接、测量和降低气流噪声。

a)普通压力表　　　　　b)管接头　　　　　c)消声器

图 4-3-13　辅助元件

项 目 小 结

本项目主要讲述了工业机器人常见控制系统的硬件组成及连接方式。同学们需要对典型控制系统的组成有深刻认识,并了解和掌握末端执行器气动驱动系统的主要结构和工作原理。

项目五　工业机器人的感知系统

项目导入

传感器位于连接外界环境与机器人的接口位置,是机器人获取信息的重要窗口。要使机器更加智能,能够对环境变化作出反应,首先,机器人要能够感知环境变化,用传感器采集环境信息是机器人智能化的第一步;其次,如何采取适当的方法,将多个传感器获取的环境信息综合处理,控制机器人进行智能作业,则是提高机器人智能程度的重要体现。因此,传感器及其信息处理系统是构成机器人智能的重要部分,它为机器人智能作业提供决策依据。

本项目主要介绍了内部传感器和外部传感器。

学习目标

1. 知识目标

(1) 了解工业机器人传感器的要求;
(2) 能描述工业机器人内部传感器的用途、种类及常用内部传感器的工作原理;
(3) 能描述工业机器人外部传感器的用途、种类及常用外部传感器的工作原理;
(4) 了解多传感器信息融合技术。

2. 情感目标

培养学生对工业机器人的兴趣及关心科技、热爱科学、勇于探索的精神。

任务一　内部传感器

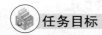

1. 知识目标
（1）列举对工业机器人传感器的要求；
（2）列举内部传感器的组成部件；
（3）描述内部传感器各组成部件的分类、作用及工作原理。

2. 教学重点
内部传感器各组成部件的工作原理。

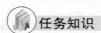

一、工业机器人传感器的要求

机器人需要安装什么样的传感器，对这些传感器有什么要求，是设计机器人感觉系统时需要解决的首要问题。机器人传感器应当根据机器人的工作需要和应用特点进行选择，需要考虑以下几个因素。

1. 成本

传感器的成本必须与其他设计要求相平衡，例如，可靠性、传感器数据的重要性、精确度和寿命等。

2. 质量

由于机器人是运动装置，因此传感器的质量很重要。传感器过重会增加机械臂的惯量，同时还会减少总有效载荷。

3. 尺寸

根据传感器的应用场合，尺寸大小有时也需考虑。例如，关节位移传感器必须与关节的设计相适应，并能与机器人的其他部件一起移动，但关节周围可利用的空间可能会受到限制。另外，体积庞大的传感器可能会限制关节的运动范围。因此设计时需要给关节传感器留下足够大的空间。

4. 输出类型

根据不同的应用，传感器的输出可以是数字量也可以是模拟量，它可以直接使用，也可能必须对其进行转化后才能使用。例如，电位器的输出量是模拟量，而编码器的输出则是数字量。如果编码器连同微处理器一起使用，其输出可直接传送至处理器的输入端口，而电位器的输出则必须利用模拟转换器（ADC）转变成数字信号。输出类型的选择必须结合其他要求考虑。

5. 接口

传感器必须能与其他设备相连接，如处理器和控制器。倘若传感器与其他设备端口不匹配或需要额外电路，那么需要解决传感器与设备间的接口问题。

6. 分辨率

分辨率是指传感器在整个测量范围内所能辨别的被测量的最小变化量,或者所能辨别的不同被测量的个数。如果它辨别的被测量的最小变化量越小,或被测量的个数越多,则它的分辨率越高;反之,分辨率越低。无论是示教再现型机器人,还是可编程型机器人,都对传感器的分辨率有一定的要求。传感器的分辨率直接影响到机器人的可控程度和控制质量,一般需要根据机器人的工作任务规定传感器分辨率的最低限度要求。

7. 灵敏度

灵敏度是输出响应变化与输入变化的比。高灵敏度传感器的输出会由于输入波动(包括噪声)而产生较大的波动。

8. 线性度

线性度反映了输入变量与输出变量间的关系,这意味着具有线性输出的传感器在量程范围内,相同的输入变化会产生相同的输出变化。几乎所有器件在本质上都具有一些非线性,只是非线性的程度不同。在一定工作范围内,器件可以通过一定的前提条件来实现线性化。如果输出不是线性的,但已知非线性度,则可以通过对其适当的建模、添加测量方程或额外的电子线路来克服非线性度。

9. 量程

量程是传感器能够产生的最小与最大输出间的差值,或传感器正常工作时的最小和最大之间的差值。

10. 响应时间

响应时间动态特性指标,指传感器的输入信号变化以后,其输出信号变化到一个稳态值所需要的时间。在某些传感器中,输出信号在到达稳定值前会发生短时间的振荡。传感器输出信号的振荡,对于机器人的控制来说是非常不利的,它有时会造成一个虚设位置,影响机器人的控制精度和工作精度。因此,传感器的响应时间越短越好。响应时间的计算应当以输入信号开始变化的时刻为始点,以输出信号达到稳态值的时刻为终点。

11. 可靠性

可靠性是系统正常运行次数与总运行次数之比,若需要传感器连续工作,在考虑费用及其他要求的同时必选择可靠且能长期持续工作的传感器。

12. 精度和重复精度

精度是指传感器的输出值与期望值的接近程度。对于给定输入,传感器有一个期望输出,精度就是该输出和该期望值的接近程度。

同样输入的情况下,如果对传感器的输出进行多次测量,那么每次输出都可能不一样。重复精度反映了传感器多次输出之间的变化程度。通常来说,如果进行足够次数的测量,那么就可以确定一个范围,它能包含所有在标称值周围的测量结果,这个范围就是重复精度。

重复精度比精度更加重要。多数情况下,不准确度是由系统误差导致的,能够预测和测量,因此可以进行修正和补偿;而重复性误差通常是随机的,不容易补偿。

二、内部传感器

内部传感器安装在机器人本体上,是用来测量机器人自身状态的功能元件。具体检测的对象有关节的线位移、角位移等几何量,速度、加速度、角速度等运动量,倾斜角和振动等物理量。内部传感器常用于控制系统中,作为反馈元件,检测机器人自身的各种状态参数,如关节运动的位置、速度、加速度、力和力矩等。因此,内部传感器主要包括位移传感器、速度传感器及加速度传感器。

(一) 位移传感器

位移传感器包括直线位移传感器和角位移传感器。电位器可用于测量直线位移,也可用于测量角位移,编码器、旋转变压器等可用于测量角位移。位移传感器的分类如图5-1-1所示。

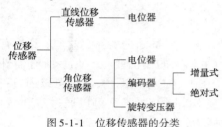

图 5-1-1　位移传感器的分类

1. 电位器

电位器可作为直线位移和角位移的检测元件,其结构形式如图5-1-2所示,电路原理图如图5-1-3所示。

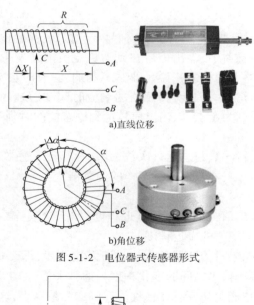

a) 直线位移

b) 角位移

图 5-1-2　电位器式传感器形式

图 5-1-3　电位器式传感器等效电路(R_L 为负载等效电阻)

$$u_o = \frac{R_1}{R} e_o$$

式中：e_o——电源电压；

R_1——触点分压电阻；

R——电位器总电阻；

u_o——输出电压。

为了保证电位器的线性输出，应保证等效负载电阻远远大于电位器总电阻。

如图 5-1-2a)所示，直线型电位器式位移传感器的滑动触点左、右移动，改变了与电阻接触的位置，通过检测输出电压的变化量，来确定以电阻中心为基准位置的移动距离。直线型电位器式位移传感器只能用于检测直线位移，工作范围和分辨率受电阻器长度的限制，绕线电阻、电阻丝本身的不均匀性会造成传感器的输入/输出关系的非线性。

如图 5-1-2b)所示，旋转型电位器式位移传感器的电阻元件呈圆弧状，滑动触点在电阻元件上做圆周运动。由于滑动触点等的限制，传感器的工作范围只能小于 360°。应用时，机器人的关节轴与传感器的旋转轴相连，根据测量的输出电压值即可计算出关节对应的旋转角度。

电位器式传感器结构简单，性能稳定，使用方便，这种传感器不会因为失电而丢失已获得的信息。因为当电源因故断开时，电位器的触点会保持原位置不变；只要重新接通电源，原有的位置信号就会重新出现。电位器式位移传感器的一个主要缺点是容易磨损，当电刷和电阻之间接触面磨损或有尘埃附着时会产生噪声，使电位器的可靠性和寿命受到一定影响。因此电位器式位移传感器在机器人上的应用具有极大的局限性。近年来，随着光电编码器价格的降低，电位器式位移传感器逐渐被光电编码器取代。

2. 光电编码器

编码器按照结构原理的不同，可以划分为机械式编码器、电磁式编码器和光电式编码器三种；光电式编码器按其刻度方法的不同又可分为增量式编码器和绝对式编码器两种。

光电编码器是集光、机、电技术于一体的数字化传感器，它利用光电转换原理将旋转信息转换为电信息，并以数字代码输出，可以高精度地测量转角或直线位移。光电编码器具有测量范围大、检测精度高、价格便宜等优点，在数控机床和机器人的位置检测及其他工业领域得到了广泛应用。在机器人应用领域中，一般把该传感器安装在机器人各关节的转轴上，用来检测各关节转轴转过的角度。在使机器人位移操作中，增量式光电编码器应用最为广泛。

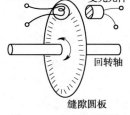

图 5-1-4 光电编码器的工作原理

光电编码器的工作原理如图 5-1-4 所示，在圆盘上有规则地刻有透光和不透光的线条，当圆盘旋转时，便产生一系列交变的光信号，由另一侧的光敏元件接收，转换成电脉冲。

（1）绝对式光电编码器。

绝对式光电编码器(图 5-1-5)是一种直接编码式的测量元件，它可以把被测转角或位移直接转化成相应的代码，指示的是绝对位置，并且无绝对误差，在电源切断时不会失去位置信息。但绝对式光电编码器结构复杂、价格昂贵，且不易做到高精度和高分辨率。

如图5-1-5所示,编码盘处在光源与光敏元件之间,其轴与电动机轴相连,随电动机的旋转而旋转。编码盘上有4个同心圆环码道,整个圆盘又以一定的编码形式(如二进制编码等)分为16等份的扇形区段,如图5-1-6所示。光电编码器利用光电原理,把代表被测位置的各等份上的数码转换成电脉冲信号输出,以用于检测电动机主轴位置。

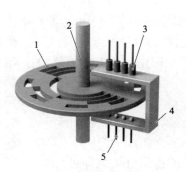 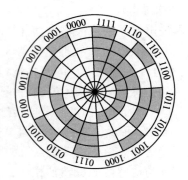

图5-1-5 绝对式光电编码器
1-编码盘;2-轴;3-光敏元件;4-光遮断器;5-光源

图5-1-6 4位绝对式光电编码器编码盘

绝对式光电编码器采用与码道个数相同的4个光电器件分别与各自对应的码道对准,并沿编码盘的半径呈直线排列,通过这些光电器件的检测把代表被测位置的各等份上的数码转换成电信号输出。编码盘每转一周产生0000到1111共16个二进制数,对应转轴的每一个位置均有唯一的二进制编码。因此可用于确定旋转轴的绝对位置。

绝对位置的分辨率(分辨角)取决于二进制编码的位数,即码道的个数 n。分辨率 α 的计算公式为

$$\alpha = \frac{360°}{2^n}$$

如有10个码道,则此时角度分辨率可达0.35°。目前市场上使用的光电编码器的编码盘数为4~18道。在应用中,通常考虑伺服系统要求的分辨率和机械传动系统的参数,以选择合适的编码器。

光电编码器无触点,可以用在快速旋转的场合。此外,绝对式编码系统难以使用有噪声的系统,如电源干扰、机械振动,且成本高,所以不如增量式编码器应用普遍。

(2)增量式光电编码器。

增量式光电编码器能够以数字形式测量出转轴相对于某一基准位置的瞬间角位置,还能测出转轴的转速和转向。增量式光电编码器主要由光源、编码盘、检测光栅、光电检测器件和转换电路组成,其结构如图5-1-7所示。

编码盘上刻有节距相等的辐射状透光缝隙,相邻两个缝隙之间代表一个增量周期 τ;检测光栅上刻有3个同心光栅,分别称为A相、B相和C相光栅。A相光栅与B相光栅上分别有间隔相等的透明和不透明区域,用于透光和遮光,A相和B相在编码盘上互相错开半个节距 $\tau/2$。增量式光电编码器编码盘如图5-1-8所示。

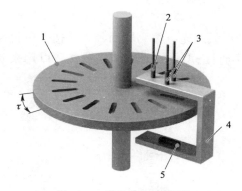 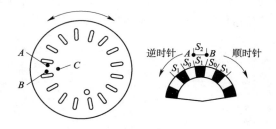

图 5-1-7 增量式光电编码器　　　　图 5-1-8 增量式光电编码器编码盘

1-编码盘；2-C 光敏元件；3-AB 光敏元件；
4-光遮断器；5-光源

当编码盘逆时针方向旋转时，A 相光栅先于 B 相光栅透光导通；当编码盘顺时针方向旋转时，B 相光栅先于 A 相光栅透光导通，A 相和 B 相光电元件用来接收脉冲光信号。根据 A、B 相任何一光栅输出脉冲数的多少就可以确定编码盘的相对转角；根据输出脉冲的频率可以确定编码盘的转速；采用适当的逻辑电路，根据 A、B 相输出脉冲的相序就可以确定编码盘的旋转方向。可见，A、B 两相光栅的输出为工作信号，C 相光栅的输出为标志信号。编码盘每旋转一周，发出一个标志信号脉冲，用来指示机械位置或对积累量清零。

光电编码器的分辨率（分辨角）是以编码器轴转动一周所产生的输出信号的基本周期数来表示的，即脉冲数每转（PPR）。编码盘旋转一周输出的脉冲信号数目取决于透光缝隙数目的多少，编码盘上刻的缝隙越多，编码器的分辨率就越高。假设编码盘的透光缝隙数目为 n，则分辨率的计算公式为

$$\alpha = \frac{360°}{2^n}$$

在工业中，根据不同的应用对象，通常可选择分辨率为 500～6000PPR 的增量式光电编码器，最高可以达到几万 PPR。增量式光电编码器的优点有：原理构造简单，易于实现；机械平均寿命长，可达到几万小时以上；分辨率高；抗干扰能力较强，可靠性较高；信号传输距离较长。缺点是无法直接读出转动轴的绝对位置信息。

(3) 旋转变压器。

旋转变压器中应用最广的是正余弦旋转变压器。它是一种小型的交流电动机，定子和转子都包含两个相互垂直的绕组，如图 5-1-9 所示。

定子上两个绕组的励磁电压为 $E_M \sin\omega t$ 和 $E_M \cos\omega t$，其幅值相等，均为 E_M；角频率相等，均为 ω，相位相差 90°；转子两个绕组输出电压为 $KE_M \sin(\omega t + \theta)$、$KE_M \cos(\omega t + \theta)$，其幅值与励磁电压的幅值成正比，对励磁电压的相位移等于转子的转动角度 θ，检测出相位差为 θ，即可测出角位移。

(二) 速度传感器

速度传感器是工业机器人中较重要的内部传感器之一，有模拟式和数字式两种输出方式。由于在机器人中主要需测量的是机器人关节的运行速度，

因此本部分仅介绍角速度传感器。

目前广泛使用的角速度传感器有测速发电机和增量式光电编码器两种。测速发电机应用最广,能直接得到代表转速的电压,且具有良好实时性;增量式光电编码器既可以用来测量增量角位移,又可以测量瞬时角速度。

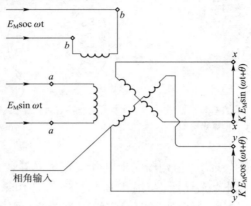

图 5-1-9 旋转变压器两相励磁移相器

1. 测速发电机

测速发电机是一种测量转速的微型发电机,它能把机械转速变换为电压信号,并要求输出电压与输入的转速成正比。为满足自动控制系统的要求,测速发电机需要精确度高、灵敏度高、可靠性好。具体为输出电压与转速保持良好的线性关系;剩余电压(转速为零时的输出电压)要小;输出电压的极性和相位能反映被测对象的转向;温度变化对输出特性影响小;输出电压的斜率大,即转速变化所引起的输出电压的变化要大;摩擦转矩和惯性小。此外,还要求测速发电机体积小、质量轻、结构简单、工作可靠、对无线电通信的干扰小、噪声小等。

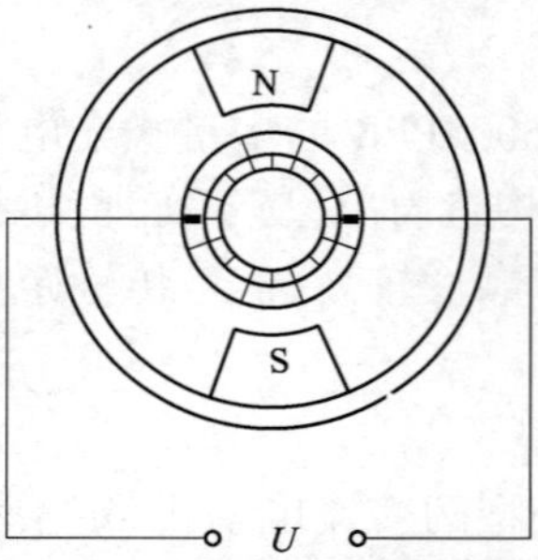

测速发电机可以分为交流测速发电机和直流测速发电机两大类。

交流测速发电机分同步测速发电机和异步测速发电机。同步测速发电机一般用作指示式转速计,很少用于控制系统中的转速测量;异步测速发电机的输出电压频率与励磁电压频率相同,与转速无关,其输出电压与转速成正比,因此在控制系统中得到广泛应用。

图 5-1-10 测速发电机的结构原理

直流测速发电机分为电磁式和永磁式,其实质是一种微型直流发电机,它的绕组和磁路经精确设计,其结构原理如图 5-1-10 所示。直流测速发电机的工作原理基于法拉第电磁感应定律,当通过线圈的磁通量恒定时,位于磁场中的线圈旋转使线圈两端产生的感应电动势与线圈转子的转速成正比,即

$$U = kn$$

式中:U——测速发电机的输出电压;
　　　n——测速发电机的转速;
　　　k——比例系数。

当改变旋转方向时,输出电动势的极性发生相应改变。在被测机构与测速发电机同轴

连接时,只要检测出输出电动势,就能获得被测机构的转速,故又称速度传感器。

测速发电机广泛用于各种速度或位置控制的系统。在自动控制系统中,测速发电机作为检测速度的元件,以调节电动机转速或通过反馈来提高系统的稳定性和精度;在解算装置中既可作为微分、积分元件,也可用于加速或延迟信号,或用来测量各种运动机械在摆动、转动或直线运动时的速度。

2. 增量式光电编码器

增量式光电编码器在工业机器人中既可以作为位置传感器测量关节相对位置,又可以作为速度传感器测量关节速度。作为速度传感器时,既可以在模拟方式下使用,又可以在数字方式下使用。增量式光电编码器的外形如图 5-1-11 所示。

(1)模拟方式。

在模拟方式下,必须有一个频率—电压(f/U)变换器,用来把编码器测得的脉冲频率转换成与速度成正比的模拟电压。f/U 变换器必须有良好的零输入、零输出特性和较小的温度漂移,才能满足测试要求。

图 5-1-11 增量式光电编码器

(2)数字方式。

数字方式测速是指基于数学公式,利用计算机软件计算出速度。由于角速度是转角对时间的一阶导数,如果能测得单位时间 Δt 内编码器转过的角度 $\Delta \theta$,则编码器在该时间段内的平均速度为

$$\omega = \frac{\Delta \theta}{\Delta t}$$

单位时间越小,所求速度越接近瞬时转速;然而若时间太短,编码器通过的脉冲数太少,又会导致所得到的速度分辨率下降。在实践中通常采用时间增量测量电路来解这一问题。

(三)加速度传感器

加速度传感器是一种能够测量加速度的传感器,这种传感器可以使机器人了解它身处的环境,并且能够控制机器人姿态。

加速度传感器通常由质量块、阻尼器、弹性元件、敏感元件和适调电路等部分组成。传感器在加速过程中,通过对质量块所受惯性力的测量,利用牛顿第二定律获得加速度值;或者由速度计算,加速度是速度的时间导数,在一定时间内对速度采样,可计算加速度。

根据传感器敏感元件的不同,常见的加速度传感器可分为电容式、电感式、应变式、压阻式、压电式。加速度传感器也可以按测量轴分为单轴、双轴和三轴加速度传感器(图 5-1-12)。

三轴加速度传感器在航空航天、机器人、汽车和医学等领域应用广泛。这种加速度传感器具有体积小和质量轻的优点,可以测量空间加速度,能够全面准确地反映物体的运动性质。目前三轴加速度传感器大多采用压阻式、压电式和电容式工作原理,产生的加速度正比于电阻、电压和电容的变化,通过相应的放大和滤波电路进行采集。这和普通加速度传感器原理相同。

图 5-1-12　三轴加速度传感器实物图

任务二　外部传感器

 任务目标

1. 知识目标
（1）列举外部传感器的组成部件；
（2）列举外部传感器的各组成部件的分类；
（3）描述外部传感器各组成部件不同类型传感器的作用。

2. 教学重点
外部传感器各组成部件的各类型的作用。

 任务知识

外部传感器的作用是当机器人对周围环境、目标物的状态特征获取信息，使机器人和环境发生交互作用，并采集机器人与外部环境以及工作对象之间相互作用的信息，从而使机器人对环境有自校正和自适应能力。工业机器人的外部传感器有视觉、触觉、力觉、距离等传感器。

一、触觉传感器

触觉是人与外界环境直接接触时的重要感觉功能，研制满足要求的触觉传感器是机器人发展中的关键技术之一。随着微电子技术的发展和各种有机材料的出现，业内已经提出了多种多样的触觉传感器的研制方案。但是，目前大都属于实验室阶段，达到产品化的不多。触觉传感器按功能大致可分为接触觉传感器、力觉传感器、压觉传感器和滑觉传感器等。

接触觉传感器是用于判断机器人（主要指四肢）是否接触到外界物体或测量被接触物体特征的传感器。接触觉传感器有微动开关式、导电橡胶式、含碳海绵式、碳素纤维式、气动复位式等类型。

1. 微动开关式
微动开关式触觉传感器由弹簧和触头构成。触头接触外界物体后离开基板，造成信号通路断开，从而检测到与外界物体的接触。这种常闭式（未接触时一直接通）微动开关的优点是使用方便，结构简单；缺点是易产生机械振荡，触头易氧化。其外形和结构组成如图 5-2-1 所示。

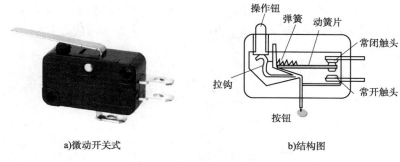

a) 微动开关式　　　　　　　　b) 结构图

图 5-2-1　微动开关式及其结构图

2. 导电橡胶式

导电橡胶式触觉传感器以导电橡胶为敏感元件。当触头接触外界物体受压后，压迫导电橡胶，使它的电阻发生改变，从而使流经导电橡胶的电流发生变化。这种传感器的缺点是由于导电橡胶的材料配方存在差异，出现的漂移和滞后特性也不一致；优点是具有柔性。其结构如图 5-2-2 所示。

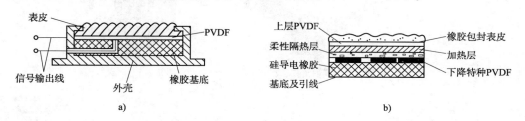

图 5-2-2　导电橡胶式结构

漂移是指若电量为 q 的粒子在磁场中除了受到恒定均匀磁场 B 作用外，还受到其他外力 $F_{外}$ 的作用，则粒子除了以磁力线为轴的螺旋运动外，还要在垂直于磁场 B 和外力 $F_{外}$ 的方向运动，这种由外力引起的运动称为漂移。

滞后是指一个现象与另一密切相关的现象相对而言的落后迟延；尤指物理上的果没有及时跟着因而出现，或指示器对所记录的改变情况反应迟缓。

3. 含碳海绵式

含碳海绵式触觉传感器在基板上装有海绵构成的弹性体，在海绵中按阵列布以含碳海绵。接触物体受压后，含碳海绵的电阻减少，测量流经含碳海绵电流的大小，即可确定受压强度。这种传感器也可用作压觉传感器，其结构简单，弹性好，使用方便；缺点是碳素分布的均匀性直接影响测量结果，受压后恢复能力较差。结构如图 5-2-3 所示。

4. 碳素纤维式

碳素纤维式触觉传感器以碳素纤维为上表层，基板为下表层，中间装以氨基甲酸酯和金属电极。接触外界物体时，碳素纤维受压与电极接触导电。它的特点是柔性好，可装于机械手臂面处，但滞后较大。图 5-2-4 即为碳素纤维式触觉传感器。

5. 气动复位式

气动复位式触觉传感器具有柔性绝缘表面，受压时变形，脱离接触时则由压缩空气作为复位的动力。与外界物体接触时,其内部的弹性圆泡(铍铜箔)与下部触点接触而导电。它的特点是柔性好,可靠性高,但需要压缩空气源。图 5-2-5 是气动传感器的一种——气囊传感器。

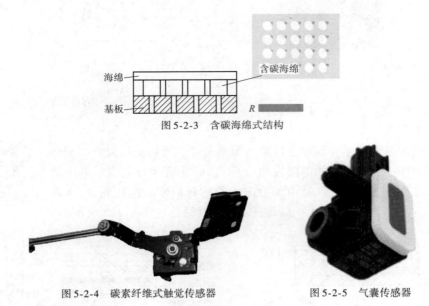

图 5-2-3 含碳海绵式结构

图 5-2-4 碳素纤维式触觉传感器　　　图 5-2-5 气囊传感器

二、应力传感器

应力定义为"单位面积上所承受的附加内力"。最简单的应力传感器就是将电阻应变片直接贴装在被测物体表面,应力是通过标定转换应变来的。

物体受力产生变形时,特别是弹性元件,体内各点处变形程度一般并不相同。用以描述一点处变形程度的力学量就是该点的应变。应力式传感器是利用电阻应变片将应变转换为电阻变化的传感器。当被测物理量作用于弹性元件上时,弹性元件在力矩或压力的作用下发生变形,产生相应的应变或位移,然后传递给与之相连的应变片,引起应变片的电阻值变化,通过测量电路变成电量输出。输出的电量大小反映被测量即受力的大小。其结构示意如图 5-2-6 所示。

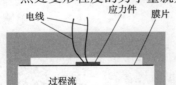

图 5-2-6 应力传感器结构示意图

三、接近觉传感器

接近觉传感器是检测物体接近程度的传感器。接近程度可表示物体的来临、靠近、出现、离去或失踪。接近觉传感器在生产过程和日常生活中应用广泛,它除了用于检测计数外,还可以与继电器或其他执行元件组成接近开关,以实现设备的自动控制和操作人员的安全保护,特别是工业机器人在发现前方有障碍物时,可限制机器人的运动范围,以避免与障碍物发生碰撞。接近觉传感器的制造方法有很多种,可分为磁感应器式和振荡器式两类。图5-2-7为接近觉传感器的其中一种——接近开关。

1. 磁感应器式接近觉传感器

按构成原理不同分类,磁感应器式接近觉传感器又可分为线圈磁铁式、电涡流式和霍耳式。

（1）线圈磁铁式。

线圈磁铁式磁感应器由装在壳体内的一块小永磁铁和绕在磁铁上的线圈构成。当被测物体进入永磁铁的磁场时,会在线圈里感应出电压信号。

（2）电涡流式。

电涡流式磁感应器由线圈、激励电路和测量电路组成。它的线圈受激励而产生交变磁场,当金属物体接近时就会由于电涡流效应而输出电信号。

（3）霍尔式。

霍尔式磁感应器由霍尔元件或磁敏二极管、晶体管构成。当磁敏元件进入磁场时会产生霍尔电动势,从而能检测出引起磁场变化的物体。

磁感应器式接近觉传感器有多种灵活的结构形式,以适应不同的应用场合,它可直接用于对传送带上经过的金属物品计数,也可做成空心管状对管中落下的小金属品计数,还可套在钻头外面,在钻头断损时发出信号,使机床自动停车。图5-2-8即为其中一种传感器。

图5-2-7　接近开关

图5-2-8　磁感应器式接近觉传感器

2. 振荡器式接近觉传感器

振荡器式接近觉传感器分为两种形式:一种形式是利用组成振荡器的线圈作为敏感部分,进入线圈磁场的物体吸收磁场能量而使振荡器停振,从而改变晶体管集电极电流来推动继电器或其他控制装置工作;另一种形式是采用一块与振荡回路接通的金属板作为敏感部分,当物体靠近金属板时便形成耦合"电容器",从而改变振荡条件,导致振荡器停振,这种传感器又称为电容式继电器,常用于宣传广告中实现电灯或电动机的接通或断开、门和电梯的自动控制、防盗报警、安全保护装置以及产品计数等。图5-2-9即为振荡器式接近觉传感器。

图5-2-9　振荡器式接近觉传感器

四、力觉传感器

力觉传感器用于测量两物体之间作用力的三个分量和力矩的三个分量。机器人中理想的传感器是黏结在依从部件的半导体应力计,以下介绍几种常用的力觉传感器。

1. 金属电阻型力觉传感器

如果将已知应变系数为 C 值的金属导线固定在物体表面上,那么当物体发生形变时,该电阻丝也会相应产生伸缩。因此,测定电阻丝的阻值变化,就可以知道物体的形变量,进而求出外作用力。

将电阻体做成薄膜型后贴在绝缘膜上可使测量部件小型化,并能大批生产质量相同的产品。这些产品所受的接触力比电阻大,因而能测定较大的力或力矩。此外,测量电流所产生的热量比电阻丝更易于散发,因此允许较大的测试电流通过。图 5-2-10 所示为一种金属电阻型力觉传感器。

图 5-2-10　称重传感器

2. 半导体型力觉传感器

在半导体晶体上施加压力会使晶体的对称性发生变化,即导电机理发生变化,从而使电阻值也发生变化,这种作用称为压阻效应。半导体的应变系数可达 100~200,如果选择合适的半导体材料,则可获得正的或负的应变系数值。此外,还有一种压阻膜片的应变仪,不必贴在测定点上即可进行力的测量。图 5-2-11 是半导体型力觉传感器中的一种。

而作为半导体型力觉传感器的核心组件,压敏晶体可以采用在玻璃、石英和云母片上蒸发半导体的办法制作,其极限工作温度范围比金属电阻型的要大,而且结构简单、尺寸小、灵敏度和可靠性都较高。

图 5-2-11　半导体型力觉传感器

3. 磁性、弦振动力觉传感器

除了金属电阻型和半导体型力觉传感器外,还有磁性、压电式和利用弦振动原理制作的力觉传感器。

当铁和镍等强磁体被磁化时,长度会发生变化,或产生扭曲现象。反之,强磁体发生应变时,其磁性也将改变。这两种现象都称为磁致伸缩效应。利用后一种现象,可以测量力和力矩。在此原理基础上制成的应变计有纵向磁致伸缩管,它可用于测量力,是一种磁性力觉传感器。

如果将弦的一端固定,另一端加上张力,那么在此张力作用下,弦的振动频率将会发生变化。利用此变化能够测量力的大小,利用这种弦振动原理也可制成力觉传感器。

4. 转矩传感器

在传动装置驱动轴转速 n、功率 P 及转矩 T 之间,存在有 $T = \dfrac{P}{n}$ 的关系。如果转轴加上负载,就会产生扭力,测量这一扭力就能测出转矩。

轴的扭转应力以最大 45°角的方式在轴表面呈螺旋状分布。如果在其最大方向上(45°)安装应变计,那么此应变计就会产生形变。测出该形变,即可求得转矩。

图 5-2-12 所示为一个用光电传感器测量转矩的实例。将两个分割成相同扇形隙缝的圆片安装在转矩杆的两端,轴的扭转用两个圆片间相位差来表示。测量经隙缝进入光电元件的光通量,即可求出扭转角的大小。采用两个光电元件的好处在于提高输出电流,以便直接驱动转矩显示仪表。

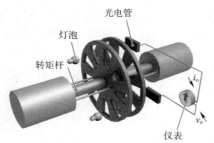

图 5-2-12 光电式转矩传感器

五、腕力传感器

图 5-2-13 所示为国际斯坦福研究所(SRI)设计的手腕力觉传感器,它由六个小型差动变压器组成,能测量作用于腕部 X、Y 和 Z 3 个方向的力及各轴的转矩。

在此款手腕力觉传感器中,力觉传感器装在铝制圆筒形主体上,圆筒外侧由八根梁支撑,手指尖与腕部连接。当指尖受力时,梁受其影响而变弯曲。从黏附在梁两侧的八组应力计(R_1 与 R_2 为一组)测得的信息,就能够算出加在 X、Y 和 Z 轴上的分力及各轴的分转矩。

图 5-2-14 所示为另一种腕力传感器。这种传感器做成十字形,在四个臂上都装有传感器,并与圆柱形外罩装在一起。

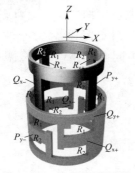

图 5-2-13 筒式腕力传感器

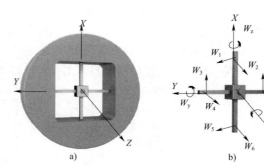

图 5-2-14 腕力传感器示意图

六、其他传感器

1. 声觉传感器

声觉传感器主要用于感受和识别在气体(非接触式感受)、液体或固体(接触式感受)中的声波。声波传感器可以进行简单的声波存在检测,也可以分析复杂的声波频率、辨别连续自然语言中单独语音和词汇。

在工业环境中,声音识别系统应用越来越广泛,经常将人工语音感觉技术应用于机器人。采用了声音识别系统的机器人能够分辨出代表不同意思的声音。如某些声音是有用的;有些声音(如爆炸)可能意味着危险,另一些声音(如叫声)可能用作命令。声音传感器的外形如图5-2-15所示。

2. 温度传感器

温度传感器有接触式和非接触式两种,均可用于工业机器人。当机器人自主运行时,或不需要人在场时,或需要知道温度信号时,温度感觉特性非常有用,因此有必要提高温度传感器的精度及区域反应能力。

两种常用的温度传感器为热敏电阻和热电偶。这两种传感器必须和被测物体保持实际接触,热敏电阻的阻值与温度成正比变化;而热电偶测温主要是利用热电效应来工作的,热电偶能够产生一个与工作端(热端)和参考端(冷端)这两端温度差成正比的小电压。图5-2-16所示即为温度传感器的一种。

图 5-2-15 声音传感器

图 5-2-16 温度传感器

3. 滑觉传感器

滑觉传感器主要用于检测物体的滑动。当机器人抓住特性未知的物体时,必须确定最适合的握力值。为此,需要检测出握力不够时所产生的物体滑动信号,然后利用这个信号,在不损坏物体的情况下,牢牢地抓住该物体。

现在常用的滑觉传感器主要有两种:一种是利用光学系统的滑觉传感器;另一种是利用晶体接收器的滑觉传感器。前者的检测灵敏度随着滑动方向不同而异,后者的检测灵敏度则与滑觉方向无关。滑觉传感器及其结构如图5-2-17所示。

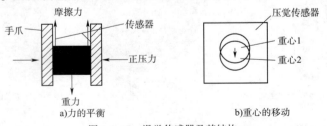
图 5-2-17 滑觉传感器及其结构

4. 视觉传感器

机器视觉系统是一种非接触式的光学传感器系统。它同时集成软硬件,综合现代计算机、光学、电子技术,能够自动地从所采集到的图像中获取信息或者产生控制动作。机器视觉系统的具体应用需求千差万别,视觉系统本身也可能有多种形式,但其工作原理都包括三个步骤。首先,利用光源照射被测物体,通过光学成像系统采集视频图像,相机和图像采集卡将光学图像转换为数字图像;其次,计算机通过图像处理软件对图像进行处理,分析获取其中的有用信息,此步骤是整个机器视觉系统的核心;最后,图像处理获得的信息最终用于对对象(被测物体、环境)的判断,并形成相应的控制指令,发送给相应的机构。

整个过程中,被测对象的信息反映为图像信息,经过分析,从中得到特征描述信息,最后根据获得的特征进行判断和动作。最典型的机器人视觉系统包括光源、光学成像系统、相机、图像采集卡、图像处理硬件平台、图像和视觉信息处理软件及通信模块,如图 5-2-18 所示。

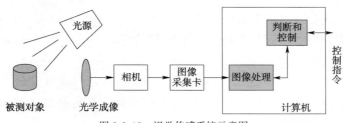

图 5-2-18 视觉传感系统示意图

七、多传感器信息融合

传感器信息融合又称为数据融合,是对多种信息的获取、表示及其内在联系进行综合处理和优化的技术。传感器信息融合技术从多信息的视角进行处理并综合,得到各种信息的内在联系和规律,从而剔除无用的、错误的信息,保留正确的和有用的成分,最终实现信息的优化。它也为智能信息处理技术的研究提供了新的观念。

1. 定义

多传感器信息融合是将经过集成处理的多传感器信息进行合成,形成一种对外部环境或被测对象某一特征的表达方式。单一传感器只能获得环境或被测对象的部分信息段,而多传感器信息经过融合后能够完善地、准确地反映环境的特征。具有信息冗余性、信息互补性、信息实时性、信息获取的低成本性等特征。

2. 核心

(1)信息融合是在几个层次上完成对多源信息的处理过程,其中各个层次都表示不同级别的信息抽象。

(2)信息融合处理包括探测、互联、相关、估计以及信息组合。

(3)信息融合包括较低层次上的状态和身份估计,以及较高层次上的整个战术态势估计。

3. 融合过程

多传感器信息融合过程如图 5-2-19 所示。

4. 分类

(1)组合。

组合是由多个传感器组合成平行的或互补的方式来获得多组数据输出的一种处理方

法，它是一种最基本的方式。面临的难题有输出方式的协调、综合，传感器的选择及在硬件上的应用。

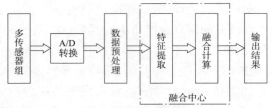

图 5-2-19　多传感器信息融合过程

（2）综合。

综合是信息优化处理时获得明确信息的有效方法。例如，在虚拟现实技术中，使用两个分开设置的摄像机同时拍摄到一个物体的不同侧面的两幅图像，综合这两幅图像可以复原出一个准确的、有立体感的物体图像。

（3）融合。

融合是将传感器数据组之间进行相关，或将传感器数据与系统内部的知识模型进行相关，进而产生信息的一个新的表达式。

（4）相关。

处理传感器信息、获得结果，不仅需要单项信息处理，还需要通过相关来进行处理，获悉传感器数据组之间的关系，从而得到正确信息，剔除无用的和错误的信息。

相关处理的目的是对识别、预测、学习和记忆等过程的信息进行综合和优化。

5. 结构

信息融合的结构分为串联、并联和混合三种，如图 5-2-20 所示。

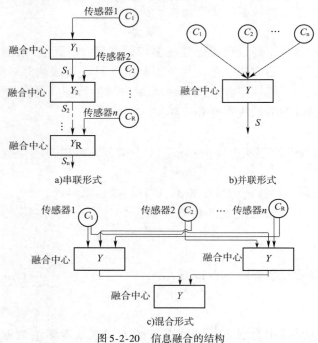

图 5-2-20　信息融合的结构

$C_1, C_2, \cdots, C_n$ 表示 n 个传感器;$S_1, S_2, \cdots, S_n$ 表示来自各个传感器信息融合中心的数据;$Y_1, Y_2, \cdots, Y_n$ 表示融合中心。

6. 方法

融合处理方法是将多维输入数据根据信息融合的功能,在不同融合的层次上采用不同的数学方法,对数据进行综合处理,最终实现融合。多传感器信息融合的数学方法很多,常用的方法可概括为概率统计方法和人工智能方法两大类。与概率统计有关的方法包括估计理论、卡尔曼滤波、假设检验、贝叶斯方法、统计决策理论以及其他变形的方法;与人工智能类有关的方法则有模糊逻辑理论、神经网络、粗集理论和专家系统等。

7. 典型应用

多信息融合的典型应用如图 5-2-21 所示,为多传感器信息融合自主移动装配机器人。

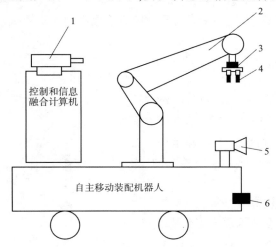

图 5-2-21 多传感器信息融合自主移动装配机器人
1-激光测距传感器;2-装配机械手;3-力觉传感器;4-触觉传感器;5-视觉传感器;6-超声波传感器

项 目 小 结

工业机器人的感知系统犹如人类的五官,可以感知外界环境的变化,从而进行相关的动作。感知系统主要是由各种机器人传感器组成。本项目从内部传感器和外部传感器两部分着手,重点描述了机器人传感器的作用及工作原理,同学们应重点掌握各类传感器在实际工作中的应用。

项目六　工业机器人基本操作

项目导入

工业机器人的操作包括编程、各种参数的设置、输入/输出信号的设置、程序的调试运行、编辑修改等工作,这些操作都是通过示教器来完成的。在初步认识示教器后,我们将通过示教器来实现对机器人的运动控制。

本项目主要介绍了认识工业机器人示教和手动操作工业机器人。

学习目标

1. 知识目标
(1) 能列举 FANUC 机器人示教器的组成;
(2) 能描述 FANUC 机器人示教器操作界面的功能;
(3) 能列举 FANUC 机器人的两种运动方式;
(4) 能用示教器操纵机器人完成基本动作。

2. 情感目标
(1) 培养良好的团队协作精神;
(2) 培养操作精密设备的严谨工作态度。

任务一　认识工业机器人示教

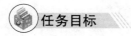
任务目标

1. 知识目标
(1) 列举 FANUC 机器人示教器的组成部件;
(2) 描述 FANUC 机器人示教器操作界面的功能。

2. 教学重点
FANUC 机器人示教器操作界面的功能。

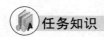
任务知识

一、FANUC 机器人示教器的组成

机器人示教器又叫示教编程器,工业机器人的常规操作基本都在示教器上完成,示教器主要由连接电缆、TP 开关及急停按钮组成,它们均分布于示教器的正面(图 6-1-1)。

连接电缆主要用于连接示教器与控制器,实现示教器的通电与控制器的通信。

TP 开关的作用是控制示教器。示教器 TP 开关无效时,示教、编程、手动运行功能都不能被使用。

急停按钮的作用是当急停按钮按下时,机器人立即停止运动,主要用在机器人工作时,或程序运行过程中,遇到紧急突发状况时,方便操作员进行急停操作,以保证生产安全进行。

在示教器的背面(图6-1-2),有示教器"DEADMAN"开关。"DEADMAN"开关是为了保证操作人员的人身安全而设计的,用来控制电动机的开启或关闭。当 TP 有效时,只有将"DEADMAN"开关按到适中位置,机器人才能运动,一旦松开或按紧,机器人立即停止运动。

在示教器的侧面(图6-1-3)是数据备份用的 USB 接口,打开防尘盖,直接插上 U 盘即可与工业机器人数据互通。

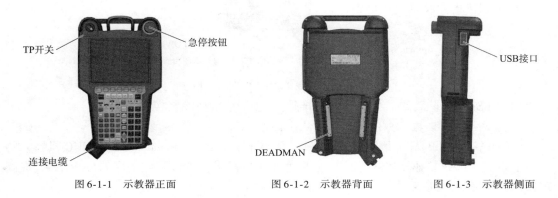

图6-1-1 示教器正面　　　图6-1-2 示教器背面　　　图6-1-3 示教器侧面

二、FANUC 机器人示教器操作界面的功能

示教器操作界面包括屏幕显示区和按键区,界面功能是通过对屏幕下方按键区中各个按键的操作来实现的。最常用的功能键有 MENU 键(显示屏幕菜单);运动键(SHIFT + 运动键可以点动机器人);FWD 键(SHIFT + FWD 可以运行机器人程序);F1 ~ F5 功能键(选择屏幕下方对应的功能项)等,这些功能键所对应的内容很多,不必一次性全部熟记,在后面的学习过程中,结合具体操作内容逐步拓展掌握。

1. 功能界面(1)

示教器操作界面的功能(1)如图6-1-4所示。

(1) PREV:显示上一屏幕。当功能键 F1 ~ F5 上方屏幕中对应的功能项多于5个,不能在同一屏幕全部显示时,通过 PREV 键可以向上翻页。

(2) DISP:分屏显示。通过该键弹出的菜单,可以选择单屏、双屏、3 屏显示,使屏幕上分区显示多个不同界面。比如,要同时监视程序运行、信号变化、坐标变化等多项不同内容时,这个功能会使操作更加方便。

(3) STEP:在单步执行和循环执行之间切换。单步执行一般用在程序调试初期,以保证运行安全;当程序单步调试完成后,可切换为循环模式,观察程序运行情况以及进行系统性测试。

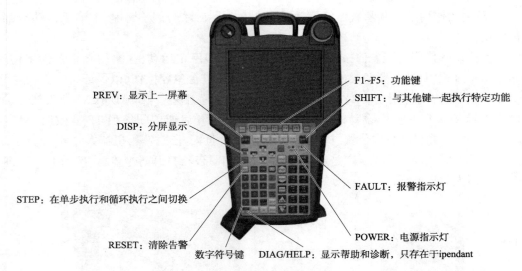

图 6-1-4 示教器操作界面的功能（1）

（4）RESET：清除告警。当报警故障排除后，按下该键清除警告。

（5）数字符号键：输入数值。比如输入坐标值、定义程序名等。

（6）DIAG/HELP：显示帮助和诊断，只存在于 ipendant 中。ipendant 是 FANUC 机器人的新型示教器，可以作为网络终端使用，能够通过网络查阅故障诊断数据库的分析结果，提高现场诊断故障的准确率。

（7）POWER：电源指示灯。

（8）FAULT：报警指示灯。

（9）SHIFT：执行特定功能。通常需要与其他键一起配合使用，如 SHIFT + 运动键可以操纵机器人沿各坐标轴方向运动。

（10）F1～F5：功能键。F1～F5 分别对应上方屏幕中五个不同功能选项，当功能选项多于五个时，可用"PREV"和"NEXT"键上下翻页。

2. 功能界面（2）

示教器操作界面的功能（2）如图 6-1-5 所示。

（1）MENU：显示屏幕菜单。MENU 是示教器最主要的菜单，机器人的参数设置、输入/输出信号设置、坐标系设置等功能都在 MENU 中。

（2）Cursor 光标键：移动光标。比如，在菜单中移动光标来选择所需要的功能项。

（3）BACK SPACE：清除光标之前的字符或数字。

（4）ITEM：选择它所代表的项。在 ITEM 后输入数字，可以选择数字所代表的项或者行。一般用在程序调试时，如果程序行数很多，要选择其中某一行，直接用 ITEM 键，再输入所选行号，即可直接跳到该程序行。

（5）用户键：用户可以自定义其功能，如焊接机器人中送丝、供气等。

（6）DATA：显示各寄存器内容，可以选择寄存器的类型并显示各种类型寄存器（如数值寄存器、位置寄存器、视觉寄存器等）中存储的数据。

(7) EDIT：编辑和执行程序。按下该键,使光标所在行的程序进入编辑状态。

(8) SELECT：列出和创建程序。按下 SELECT 键,列出所有程序的清单,可以在其中选择程序,或者创建新程序。

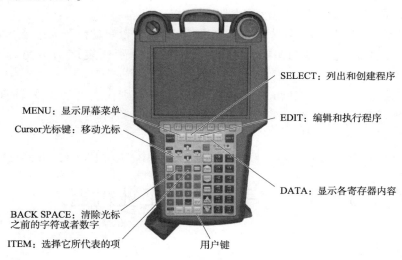

图 6-1-5　示教器操作界面的功能(2)

3. 功能界面(3)

示教器操作界面的功能(3)如图 6-1-6 所示。

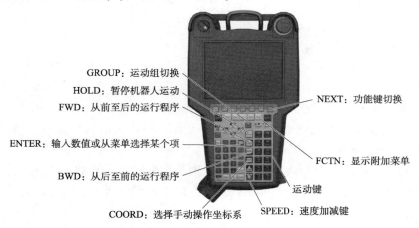

图 6-1-6　示教器操作界面的功能(3)

(1) GROUP：运动组切换。通过运动组切换,可以对机器人的行走轴、焊接变位机等进行编程。

(2) HOLD：暂停机器人运动。

(3) FWD：从前至后运行机器人程序。FWD 需要与 SHIFT 键配合使用,这是机器人程序的正常运行模式。

(4) ENTER：输入数值或从菜单选择某个项,类似确定功能。

(5) BWD：从后至前运行机器人程序。BWD 也需要与 SHIFT 键配合使用,该功能在程序调试时使用,反向运行程序具有一定危险性,初学者一般不建议使用。

(6) COORD：选择手动操作坐标系。按下 COORD 键，屏幕右上方会依次切换当前的手动操作坐标系。

(7) SPEED：速度加减键。按下"+%"或"-%"键，增大或减小机器人运行速度的倍率，同时屏幕右上方显示变化的速度倍率值。

(8) 运动键：运动键有 12 个，按住 SHIFT+运动键，可以驱动机器人运动。

当前手动操作坐标系是"JOINT"时，12 个运动键分别代表绕 J1~J6 轴运动的正负方向。

当前手动操作坐标系是"WORLD"时，12 个运动键分别代表沿 X、Y、Z 轴直线运动和绕 X、Y、Z 轴旋转运动的正负方向。

(9) FCTN：显示附加菜单。

(10) NEXT：功能键切换。需要与 PREV 键配合使用，实现 F1~F5 功能项的上下翻页。

任务二　手动操纵工业机器人

1. 知识目标
(1) 列举手动操作机器人的运动方式；
(2) 描述手动操作机器人各运动方式的运动步骤。

2. 教学重点
手动操作机器人各运动方式的运动步骤。

任务知识

手动操作机器人运动一般有两种方式：单轴和线性。

FANUC 六轴机器人是由六个伺服电动机分别驱动机器人的六个关节轴，每次手动操作一个关节轴的运动，就称之为单轴运动。

机器人的线性运动是指安装在机器人第六轴凸缘盘上工具的 TCP（执行点）在空间做直线运动，线性运动工具的 TCP 可在空间 X、Y、Z 方向上做线性运动。线性运动是各关节轴同时协调运动的结果。

一、手动操纵机器人单轴运动

手动操纵机器人单轴运动的步骤如下：

(1) 将机器人控制柜上的机器人状态钥匙切换到手动限速"T1"状态，如图 6-2-1a) 所示。

(2) 轻按 DEADMAN 至适中位置，使电动机处于待机状态，如图 6-2-1b) 所示。

(3) 按"RESET"清除报警，使报警灯熄灭，如图 6-2-1c) 所示。

(4) 按"-%"或"+%"键，将工业机器人的速度调至 10%，如图 6-2-1d) 所示。

(5) 按"COORD"键切换至"关节"坐标系，如图 6-2-1e) 所示。

(6)按住"SHIFT"+"[+X(J1)]"键,可以看到工业机器人一轴关节往右转动;按住"SHIFT"+"[-X(J1)]"键,工业机器人一轴关节往左转动。其他轴操作方法类似,各轴的转动方向如图6-2-1f)所示。

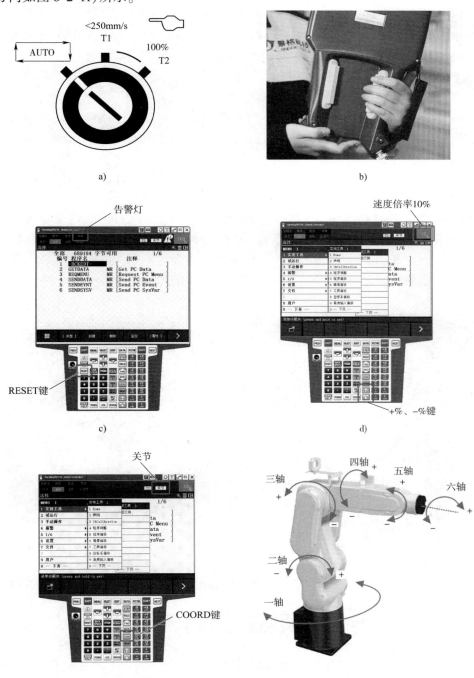

图6-2-1 手动操纵机器人单轴运动的步骤

二、手动操纵机器人线性运动

手动操纵机器人线性运动的步骤如下：
(1) 机器人控制柜上的机器人状态钥匙切换到手动限速"T1"状态，如图6-2-1a)所示。
(2) 轻按 DEADMAN 至适中位置，开启电动机，按"RESET"清除报警；按"-%"键，将工业机器人的速度降至10%，如图6-2-1b)、c)、d)所示。
(3) 按"COORD"键切换至"工具"坐标系，如图6-2-2a)所示。
(4) 按住"SHIFT"+"[+X(J1)]"键，工业机器人末端执行器向 X 正向移动；按住"SHIFT"+"[-X(J1)]"键，工业机器人末端执行器向 X 负向移动。其他方向类似，如图6-2-2b)所示。
(5) 切换按住"SHIFT"+"[+X(J4)]"键和"SHIFT"+"[-X(J4)]"键，工业机器人沿着默认 TCP 点向左向右旋转，如图6-2-2b)所示。
(6) 切换按住"SHIFT"+"[+Y(J5)]"和"SHIFT"+"[-Y(J5)]"键，工业机器人沿着默认 TCP 点向后向前旋转，如图6-2-2b)所示。
(7) 切换按住"SHIFT"+"[+Z(J6)]"键和"SHIFT"+"[-Z(J6)]"键，工业机器人绕默认工具坐标系的 Z 轴逆时针/顺时针旋转，如图6-2-2b)所示。

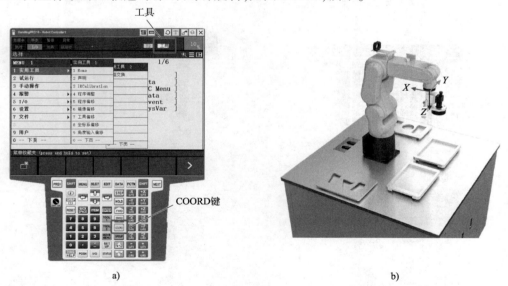

图6-2-2 手动操纵机器人线性运动的步骤

项目小结

手动操作工业机器人运动主要是通过配套示教器来完成的。本项目以 FANUC 机器人为例，重点讲述了示教器的组成和功能，以及操作机器人进行单轴和线性运动。同学们需要了解示教器的界面功能，重点掌握两种运动的操作方法。

项目七　工业机器人坐标系设置

项目导入

工业机器人的智能化发展是一个大的趋势,它在完成既定工作的过程中需要用到机器人的编程,通常的机器人编程方式有示教编程与离线编程两种。示教编程,即操作人员通过示教器,手动控制机器人的关节运动,以使机器人运动到预定的位置,同时将该位置进行记录,并传递到机器人控制器中,之后的机器人可根据指令自动重复该任务,操作人员也可以选择不同的机器人坐标系对机器人进行示教。工业机器人坐标系是为确定机器人的位置和姿态而在机器人或空间上引入的位置指标系统,对机器人的运动控制起到关键作用。

本项目主要介绍了工业机器人的坐标系、设置工具坐标系、设置用户坐标系和设置有效负载。

学习目标

1. 知识目标

(1) 能正确辨别工业机器人关节坐标系类型;
(2) 能说出直角坐标系的类型及直角坐标系的确定;
(3) 能说出该工具坐标系的设定方法;
(4) 能阐明用户坐标系的用途及用户坐标系的设定方法;
(5) 能说出有效负载的含义及设定方法。

2. 技能目标

(1) 能正确完成工具坐标系和用户坐标系的设置操作;

（2）能正确完成有效负载的设定。
3. 情感目标
（1）增长见识、激发机器人学习兴趣；
（2）通过小组协助完成机器人工具坐标系、用户坐标系和有效负载的设定，培养学生沟通协调、团队协作的合作精神。

任务一　认识工业机器人坐标系

1. 知识目标
（1）能说出关节坐标系的意义及作用；
（2）能说明直角坐标系的意义及作用；
（3）能阐明直角坐标系的类型及确定方法。
2. 教学重点
（1）关节坐标系和直角坐标系的作用；
（2）直角坐标系的确定方法。

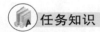

机器人坐标系是为了确定机器人的位置和姿态，而在机器人或空间上进行定义的位置指标系统。工业机器人的坐标系，根据不同用途有多种分类，理解和掌握各个坐标系的意义和使用方法，合理运用这些坐标系，可以给操作和编程带来极大的方便，对于工业机器人的研究和实际操作具有重要意义。

根据臂部的运动形式，工业机器人坐标系分为关节坐标系和直角坐标系两类。

一、关节坐标系

工业机器人的关节坐标，即为每个轴相对原点位置的绝对转角，共有 6 个关节坐标，如图 7-1-1 所示。

关于六轴旋转方向的判断，以操作者为参考，操作者面向机器人。

工业机器人腰部向右旋转为一轴正方向，向左旋转为负方向；

工业机器人下臂向前俯为二轴正方向，向后仰为负方向；

工业机器人上臂向后仰为三轴正方向，向前俯为负方向；

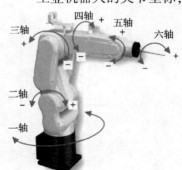

图 7-1-1　关节坐标系

工业机器人手腕向右旋转为四轴正方向,向左旋转为负方向;
工业机器人手腕向上为五轴正方向,向下为负方向;
工业机器人手腕向右旋转为六轴正方向,向左旋转为负方向。

二、直角坐标系

直角坐标系中的工业机器人的位置和姿态,通过从空间上的直角坐标系原点,到工具侧的直角坐标系原点(工具中心点)的坐标值 x、y、z,和空间上的直角坐标系,相对 X 轴、Y 轴、Z 轴周围的工具侧直角坐标系的回转角 W、P、R 予以定义,如图 7-1-2 所示。

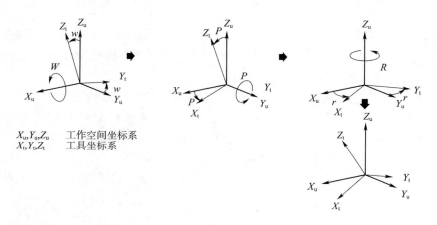

图 7-1-2　直角坐标系及 W、P、R 的含义

1. 直角坐标系的类型

工业机器人可以选用的直角坐标系有通用坐标系、手动坐标系、用户坐标系和工具坐标系。

(1)通用坐标系,即世界坐标系,是被固定在空间上的标准直角坐标系,其被固定在由工业机器人事先确定的位置,是一个不可设置的默认坐标系,其原点和坐标轴方向已由机器人厂商设定好,不可更改。用户坐标系是基于该坐标系而设定的,它用于位置数据的示教和执行。

(2)手动坐标系,又称为"JOG"坐标系,在该坐标系下,机器人可以按照"点动"的方式运动,即按下运动键,机器人只运动规定的一个距离或角度,不管是否一直按住运动键。只有松开运动键后再次按下,机器人才会继续下一运动。手动坐标系的位置和方向与通用坐标系完全一致。

(3)用户坐标系,是程序中记录的所有位置的参考坐标系,用户可于任何地方定义该坐标系,用于位置寄存器的示教和执行,位置补偿指令的执行等。默认的用户坐标系的位置和方向与通用坐标系完全一致,如图 7-1-3 所示。

用户坐标系对于机器人编程有着十分重要的意义。当工件或工作台位置任意倾斜时,无法在通用坐标系下控制机器人沿着工作台的斜边运动,这就给编程带来很大困难。

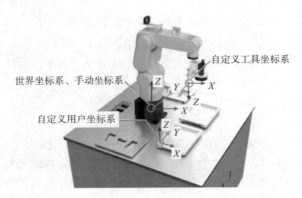

图 7-1-3 直角坐标系

如图 7-1-4 所示,设定了用户坐标系后,由于用户坐标系的 X、Y、Z 方向都是按照工作台的倾斜方向定义的,因此,就可以在该用户坐标系下,控制机器人沿着工作台的倾斜方向任意运动,使机器人的示教编程十分方便。

(4)工具坐标系,是用来定义工具中心点(TCP)的位置和工具姿态的坐标系,安装在机器人工具末端的工具坐标系,原点和方向都是随着工具末端位置和角度不断变化的。如图 7-1-5 所示,工具坐标系由工具坐标系原点 TCP 和坐标方位组成,它是可以定义工业机器人在实际工作中工具原点的位置和工具姿态的坐标系,用户可以自定义工具坐标系。它的测量值是针对 TCP(工具坐标系原点)的,默认工具坐标系位于第六轴安装凸缘盘中心。

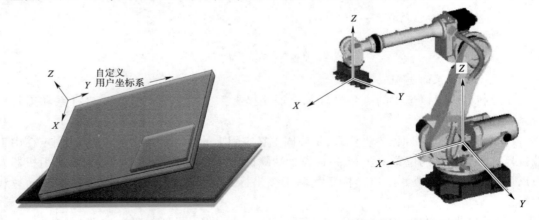

图 7-1-4 用户坐标系的应用　　　　　图 7-1-5 工具坐标系

工具坐标系是附着在工具上,随工具一起运动的。在它的 6 个坐标值中,3 个平移坐标值代表工具原点相对于第六轴安装凸缘盘中心的偏移量;3 个旋转坐标值表示工具方向相对于安装凸缘盘中心的默认坐标系偏转的角度。

由此可见,工具坐标系的坐标值是以安装凸缘中心的默认坐标系为基准的,它代表了工具原点的位置和工具的方向。

工具坐标系在机器人编程工作中十分重要,比如,在焊接机器人编程中,为满足焊接工艺的要求,焊枪的姿态需要经常变化,因此必须按照焊丝顶点及焊枪方向设定工具坐标系,以便于在编程时方便地调整和记录焊枪姿态。

2. 直角坐标系的确定

可用右手定则确定直角坐标系方向。举起右手于视线正前方摆出手势，中指所指方向为 X 轴正方向；拇指所指方向即 Y 轴正方向；食指所指方向即 Z 轴正方向，如图 7-1-6 所示。

通用坐标系是厂家设定的，不能更改，其方向的确定方法是，观察者面对机器人站立，由机器人出来指向观察者为 X 轴正方向；观察者的右手方向为 Y 轴正方向；垂直向上为 Z 轴正方向，如图 7-1-7 所示。

图 7-1-6　右手定则　　　　　图 7-1-7　通用坐标系

工具坐标系由用户设定，一般以工具指向作为工具坐标系的 Z 轴正方向或 Z 轴负方向，如图 7-1-8 所示。

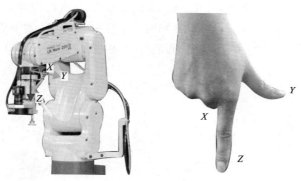

图 7-1-8　工具坐标系

任务二　设置工具坐标系

 任务目标

1. 知识目标

（1）能说出工具坐标系的作用；

（2）能解释工具坐标系的坐标值；

（3）能描述工具坐标系的设定方法。

2. 技能目标

（1）能正确用直接输入法设置工具坐标系；

（2）能正确用六点法设置工具坐标系。

3. 教学重点

（1）工具坐标系的坐标值；

（2）设定工具坐标系。

任务知识

工具坐标系是把机器人腕部凸缘所握工具的有效方向定为 Z 轴，把坐标定义在工具尖端点，所以工具坐标的方向随腕部的移动而发生变化。

建立或标定工具坐标系后，机器人的控制点转移到工具的原点上，这样可以利用控制点的操作方便调整和计算工具的姿态和轨迹。

一、工具坐标系的坐标值

工具坐标系的坐标值即工具数据，工具数据会影响机器人调整工具位置及姿态的便捷性。它用于描述安装在机器人第六轴上的工具 TCP 点的位置及工具的方向。TCP 点就是工具坐标系的原点，也被称为工具中心点（Tool Center Point）。

默认的工具中心点位于机器人安装凸缘盘的中心，定义工具坐标系就是将一个或者多个新工具坐标系定义为相对于默认工具中心点的偏移量。执行程序时，机器人将 TCP 点移至编程位置，以 TCP 点为对象控制工具的位置及姿态，这意味着，如果更改了工具坐标系，即更改了 TCP 点的位置，工具的实际到达位置将随之更改，以便新的 TCP 点到达目标位置，如图 7-2-1 所示。

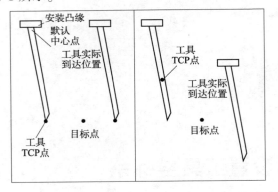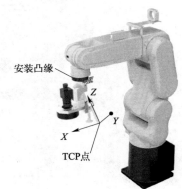

图 7-2-1　以 TCP 点为对象控制工具的位置

二、工具坐标系的设定方法

工具坐标系的设定方法有三种：六点法、直接输入法、三点法。

六点法和直接输入法是工具坐标系常用的设置方法，下面的任务实操部分将会对直接输入法和六点法进行详细的步骤讲解。六点法和三点法有以下不同：

（1）在示教器上设置过程中有区别；点击进入坐标系设置菜单时，三点法和六点法显示的页面不同,三点法有三个点;六点法有6个点。

(2)三点法只能校准三个点,不能校准方向,只能用默认的方向作为方向;六点法是在三点法的基础上可以自定义用户方向,方便用户在轨迹调试和夹具姿态调试的过程中调试姿态轨迹,达到最终的调试结果。

(3)六点法需要用户自定义方向时,需要采点标定坐标系。

任务实施

一、直接输入法设置工具坐标系

1.操作步骤

(1)按"MENU"键,选择"设置"选项,选择"坐标系"选项,按"ENTER"键进入(图7-2-2)。

(2)按"F3"坐标键,选择"工具坐标系"选项,按"ENTER"键进入(图7-2-3)。

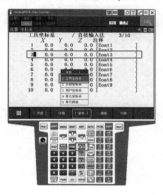

图7-2-2 操作步骤(1)　　　　　图7-2-3 操作步骤(2)

(3)选择序号3,按"ENTER"键进入。

(4)按"F2"方法键,选择"直接输入法"选项,按"ENTER"键进入注释(图7-2-4)。

(5)输入"TOOL3"(图7-2-5)。

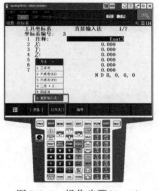
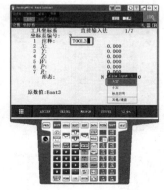

图7-2-4 操作步骤(3~4)　　　　　图7-2-5 操作步骤(5)

(6)光标移至 X,输入数字20.600,按"ENTER"键确认(图7-2-6)。

(7)光标移至 Y,输入数字 -2.100,按"ENTER"键确认(图 7-2-7)。

图 7-2-6　操作步骤(6)　　　　　图 7-2-7　操作步骤(7)

(8)光标移至 Z,输入数字 171.500,按"ENTER"键确认(图 7-2-8)。

(9)按"PREV"键,选择"F5"切换键,输入数字"3"。按"ENTER"键确认(图 7-2-9)。

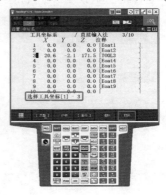

图 7-2-8　操作步骤(8)　　　　　图 7-2-9　操作步骤(9)

(10)按"COORD"键,选择工具坐标系,按"SHIFT + COORD"键确认工具坐标编号已经选择为3(图 7-2-10)。

(11)确认速度的倍率已降为10%,测试工具坐标系(图 7-2-11)。

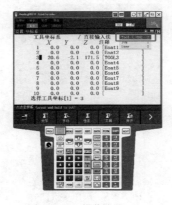
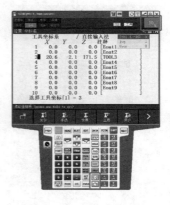

图 7-2-10　操作步骤(10)　　　　图 7-2-11　操作步骤(11)

2. 直接输入法的适用情况

工具坐标系的直接输入法是在明确知道工具执行点相对于安装坐标系原点,在 X、Y、Z 方向上的偏移量,以及工具坐标系方向相对于安装坐标系在 W、P、R 方向上的旋转量的情况下,将上述数据直接输入。这种情况一般是在工具形状非常简单,尺寸容易测量,或者掌握工具的三维数学模型,从模型上可以获取工具方向及执行点的位置数据时采用。

直接输入法与六点法设置工具坐标系的区别,仅仅是生成工具坐标系数据的方法不同,工具坐标系建立后,检验方法完全相同。因此,按照本节方法输入数据后,再将工具实物安装到机器人上,对工具坐标系进行检验,检验方法请参照下文"六点法设置工具坐标系"第(3)条。

二、六点法设置工具坐标系

1. 操作步骤

(1)按"MENU"键,选择"设置"选项,选择"坐标系"选项,按"ENTER"键确认(图7-2-12)。

(2)按"F3"坐标键,选择"工具坐标系"选项,按"ENTER"键确认(图7-2-13)。

 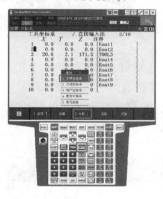

图7-2-12 操作步骤(1)　　　　图7-2-13 操作步骤(2)

(3)光标选择 2 号,按"ENTER"键确认(图7-2-14)。

(4)按"F2"方法键,选择"六点法(XZ)"(图7-2-15)。

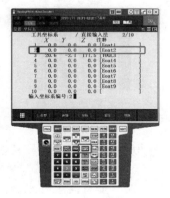 

图7-2-14 操作步骤(3)　　　　图7-2-15 操作步骤(4)

(5)进入"注释",选择"大写"选项,运用 F1～F5 功能键,输入"TooL2",按"ENTER"键确认(图 7-2-16)。

(6)手动移动机器人,调节适当速度,使指针接近目标点。松开"SHIFT"键,移动光标到"接近点 1",按"SHIFT + F5"键记录点位。通常,我们将"接近点 1"作为坐标原点,因此,继续将光标移动到"坐标原点",点击记录(图 7-2-17)。

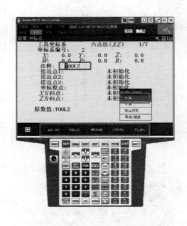

图 7-2-16　操作步骤(5)

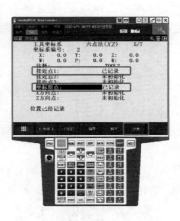

图 7-2-17　操作步骤(6)

(7)继续抬起指针,分别调整工业机器人姿态,将工业机器人指针工具接近目标点,记录"接近点 2"和"接近点 3"(图 7-2-18)。

(8)抬起指针,将光标移至"坐标原点",按"SHIFT + F4"键将机器人移动到刚刚设定的原点位置(图 7-2-19)。

图 7-2-18　操作步骤(7)

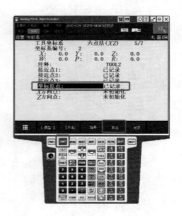

图 7-2-19　操作步骤(8)

(9)光标移动到"X 方向点",按运动键,将机器人指针直线往前移动。点击"F5"键记录(图 7-2-20)。

(10)用上面的方法,将机器人移回到坐标原点位置后垂直向上移动,记录"Z"方向点(图 7-2-21)。

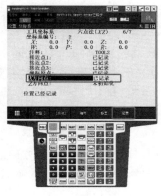

图 7-2-20　操作步骤(9)

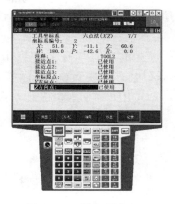

图 7-2-21　操作步骤(10)

（11）点击"COORD"键，切换到工具坐标系，按"SHIFT + COORD"键，光标移动至 tool，输入数字"2"，按"ENTER"键进入。继续按"SHIFT + COORD"键，确定 tool2 工具坐标系已经被激活（图7-2-22）。

2. 操作过程中的注意事项

（1）在记录接近点 1 之前，首先调整工具方向，用直角三角板检查工具与工作台面垂直。

（2）前三个点的姿态差别要大，尽量可以相互差 90°及以上；记录接近点 2 时转动六轴变换姿态，记录接近点 3 时转动四轴和五轴变换姿态。

（3）定义 X、Z 方向点时，机器人移动的距离不能少于 250mm，这样定义的 TCP 点才会精确。

（4）记录过程中，参考工具不能移动，一旦移动，需要重新示教每个目标点。

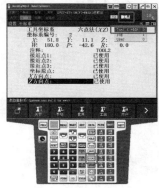

图 7-2-22　操作步骤(11)

3. 工具坐标系的检验

工具坐标系设置完成之后，屏幕上方会有数据生成，其中 X、Y、Z 的数据代表当前设置的 TCP 点相对于 J6 轴凸缘盘中心的偏移量，W、P、R 的数据代表当前设置的工具坐标系相对于凸缘盘中心的默认坐标系的旋转量，如图7-2-23所示。

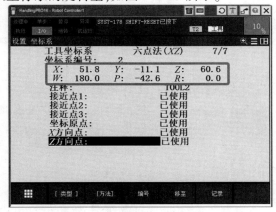

图 7-2-23　工具坐标系的坐标值

需要检验所设置工具坐标系的正确性,包括检验 TCP 点的准确度和工具方向的准确度。

首先激活所设立的工具坐标系。点击"COORD"键,切换到工具坐标系,按"SHIFT + COORD"键,屏幕右上方出现黄框,光标移动到"TOOL",输入数字 2,按"ENTER"键确认。继续按"SHIFT + COORD"键,屏幕右上方再次出现黄框,确定"TOOL2"工具坐标系已被激活,下面开始工具坐标系的测试运行。

(1) 工具坐标系方向检验。

在测试前,确认速度倍率将至 10%。示教机器人分别沿 X、Y、Z 正方向运动,检查机器人的运动方向,如果机器人是沿着前面设定的工具坐标系方向运动,则坐标系的方向设定正确。

(2) 工具坐标系 TCP 点检验。

移动机器人,使工具尖点对准工作台上指针的针尖,示教机器人绕 TCP 点旋转,若旋转过程中,工具尖点不动,则 TCP 点设置正确;如果转动过程中,工具尖点有明显偏移或游动,说明 TCP 点的误差较大,需要重复上述设置过程。

任务三　设置用户坐标系

1. 知识目标

(1) 能说出用户坐标系的用途;

(2) 能阐述用户坐标系的设定方法。

2. 技能目标

(1) 能正确完成设定用户坐标;

(2) 能检验用户坐标系。

3. 教学重点

(1) 用户坐标系的设定方法;

(2) 设定用户坐标系的步骤。

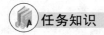

在实际生产中,工业机器人执行任务时,工作对象的位置是多种多样的,有的放置在水平面上,有的放置在倾斜的工作台上。用户坐标系可以实现放置在倾斜工作台上工作对象的位置设置,可以用于位置寄存器的示教、执行及位置补偿指令的执行。

一、用户坐标系的用途

用户坐标系可以对工业机器人的作业空间重新定义,也就是可以将适合任意作业空间的直角坐标系作为用户坐标系。用户坐标系的设置为操作人员的示教编程提供了很大的便捷性。

(1) 重新定义工作站中的工件时,只需更改用户坐标的位置,所以有路径将即刻随之更新。

(2) 允许操作沿外部轴或传送导轨移动的工件,因为整个工件可连同其路径一起移动。

二、用户坐标系的设定方法

FANUC 工业机器人最多可以设置九个用户坐标系。

用户坐标系设定时,通常采用三点法。只需在对象表面位置或工件边缘角位置上,定义三个点位置,来创建一个用户坐标系。其设定原理如下:

(1) 手动操纵机器人,在工件表面或边缘角的位置找到一点 X_1,作为坐标系原点。

(2) 手动操纵机器人,沿着工件表面或边缘找到一点 X_2,X_1、X_2 确定工件坐标系的 X 轴的正方向(X_1 和 X_2 距离越远,定义的坐标系轴向越精准)。

(3) 手动操纵机器人,在 XY 平面上并且沿 Y 轴正方向找到一点 Y_1,以确定坐标系的 Y 轴的正方向。

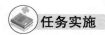任务实施

1. 设定用户坐标系

(1) 按"MENU"键,选择"设置",→"坐标系"选项,按"ENTER"键确认(图 7-3-1)。

(2) 按"F3"坐标键,选择"用户坐标系"选项,按"ENTER"键确认(图 7-3-2)。

图 7-3-1　操作步骤(1)　　　　图 7-3-2　操作步骤(2)

(3) 选择 2 号,按"ENTER"键确认(图 7-3-3)。

(4) 按"F2"方法键,选择"三点法"选项按"ENTER"键确认(图 7-3-4)。

(5) 进入"注释",选择"小写",运用 F1~F5 功能键,输入"wobject2",按"ENTER"键确认(图 7-3-5)。

(6) 手动移动机器人,调节适当速度,使指针接近交叉点。松开"SHIFT"键,移动光标到"坐标原点",按"SHIFT + F5"键记录(图 7-3-6)。

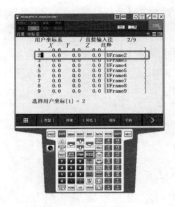 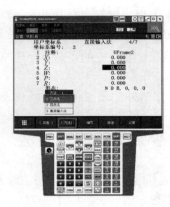

图 7-3-3　操作步骤(3)　　　　　图 7-3-4　操作步骤(4)

 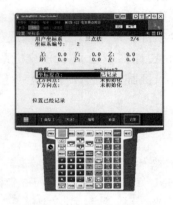

图 7-3-5　操作步骤(5)　　　　　图 7-3-6　操作步骤(6)

（7）继续抬起指针，将工业机器人指针沿用户希望的 $+X$ 方向至少移动 250mm，在示教器中移动光标到"X 方向点"，按"F5"键记录（图 7-3-7）。

（8）将光标移动到"坐标原点"，按"SHIFT + F4"键移动指针至坐标原点。将工业机器人指针沿用户希望的 $+Y$ 方向至少移动 250mm，在示教器中移动光标到"Y 方向点"，按"F5"键记录（图 7-3-8）。

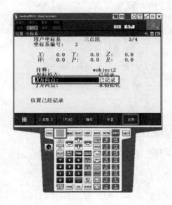 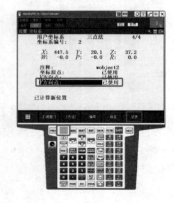

图 7-3-7　操作步骤(7)　　　　　图 7-3-8　操作步骤(8)

(9) 按"COORD"键,切换到用户坐标系,按"SHIFT + COORD"键,光标移动至 USER,用数字键输入"2",按"ENTER"键确认(图 7-3-9)。

(10) 继续按"SHIFT + COORD"键,确定 User2 用户坐标系已经被激活(图 7-3-10)。

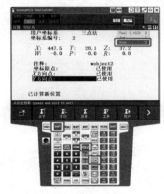
图 7-3-9　操作步骤(9)

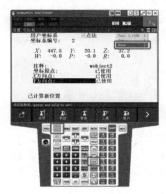
图 7-3-10　操作步骤(10)

注意,在上述设定用户坐标系的过程中,是在通用坐标系(WORLD)下手动机器人到达各记录点,并记录各点。

2. 检验用户坐标系

用户坐标系设置完成之后,屏幕上方会有坐标值数据生成,其中 X、Y、Z 的数据代表当前设置的用户坐标系原点相对于通用坐标系原点的偏移量;W、P、R 的数据代表当前设置的用户坐标系坐标轴方向相对于通用坐标系坐标轴的旋转量,如图 7-3-11 所示。

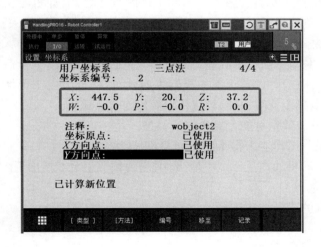
图 7-3-11　用户坐标系的坐标值

检验用户坐标系的注意事项:

(1) 确定 User2 用户坐标系已经被激活。

(2) 在测试前,确定速度倍率已降至 10%。

(3) 按"SHIFT + 运动键",机器人在斜面上按照设定的方向运动,说明用户坐标系设定成功。

任务四　设置有效负载

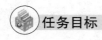

1. 知识目标
（1）能说出有效负载的作用；
（2）能解释不正确有效负载的影响；
（3）能说出有效负载的设定方法。

2. 技能目标
能设计有效负载的操作步骤。

3. 教学重点
有效负载的设定方法及操作步骤。

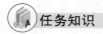

一、有效负载的影响

有效负载是指机器人安装凸缘上工具和工件的重量之和，即机器人在工作时臂端所承受的力或力矩，有效负载通过机器人内置的推算程序自动设置。机器人在不同位姿时，允许的最大可搬运质量是不同的，因此机器人的臂杆在工作空间中任意位姿时负载能力不同。有效负载是机器人的实际负载，负载能力是机器人的负载极限，有效负载应小于负载能力。

如果在软件安装时没有设置正确的机器人有效负载，或者由于更换凸缘盘上的工具或工件而引起的有效负载改变时，必须设置机器人的有效负载。

不正确的有效负载数据可能会导致以下结果：
（1）机器人的最大工作能力得不到充分发挥。
（2）导致伺服电动机的惯量匹配不恰当，引起的伺服电动机 PID 闭环超调震荡，使得机器人的轨迹精度下降。
（3）导致机器人的机械结构过载。

二、有效负载的设定

如果用户对所使用的末端执行器及工件的重量不了解，可以利用 FANUC 机器人自带的功能程序测量和计算有效负载数据，该功能最多能够设置 10 个有效负载。设置时需要指定机器人的两个可以到达的极限位置，如图 7-4-1 所示，机器人在这两个极限位置之间运行，在运行过程中自动测量并计算出有效负载的数据。机器人的运动范围越大，负载数据的计算就越精确。

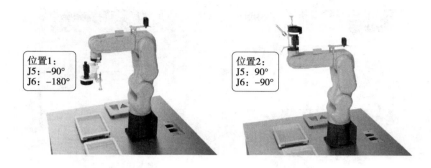

图 7-4-1 设置机器人有效负荷的两个位置

设置机器人的有效负载可以采用两种方式：一种是手动输入设定；另一种是自动估算设定。

手动设置当前有效负载的条件如下：

(1) SRDY 置"on"位置。

(2) 没有运动命令。

(3) $ PARAM_GROUP[ ]. $ MOUNT_ANGLE 命令没有被设置。

(4) 机器人 mastering/calibration 已经完成。

任务实施

设定有效负载的步骤如下。

(1) 按"MENU"键，选择"下页"→"系统"→"动作"选项（图 7-4-2）。

(2) 光标下移，选择设定编号"2"，按"F3"详细键，设定编号名称为"LOAD1"（图 7-4-3）。

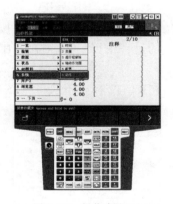
图 7-4-2 操作步骤(1)

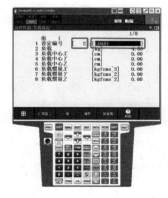
图 7-4-3 操作步骤(2)

(3) 按"PREV"键，回到上页画面，按"NEXT"键，光标选择编号"2"，按"F2"推算键（图 7-4-4）。

(4) 光标移至"质量已知"，选择"否"选项；光标下移至"标定模式"，更改"OFF"为"ON"（图 7-4-5）。

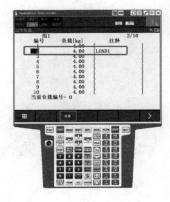

图 7-4-4　操作步骤(3)　　　　图 7-4-5　操作步骤(4)

（5）光标移至"标定状态"，按"F4"详细键，进入"推算位置"（图 7-4-6）。

（6）按"F2"键，更改"位置 1""J5 轴"参数为 -90°；更改"位置 1""J6 轴"参数为 -180°（图 7-4-7）。

图 7-4-6　操作步骤(5)　　　　图 7-4-7　操作步骤(6)

（7）更改"位置 2""J5 轴"参数为 90°；"位置 2""J6 轴"参数为 -90°。按"SHIFT + F4"移至键，确定工业机器人在移动至位置 1 和位置 2 的过程中可到达。按"PREV"键，返回上一页（图 7-4-8）。

（8）按"SHIFT + F4"执行键，示教器显示"不能在 T1/T2 模式下执行"（图 7-4-9）。

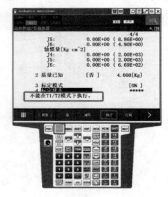

图 7-4-8　操作步骤(7)　　　　图 7-4-9　操作步骤(8)

(9)将 TP 开关拨至"OFF"状态,将机器人控制柜状态钥匙切换到"AUTO"自动模式状态。按"DEADMAN"至适中位置,按"RESET"键消除报警,按"SHIFT"+"F4"执行键,屏幕提示,选择"是"选项(图 7-4-10)。

(10)运动完成后,示教器上标定状态变成"完成"。按"SHIFT + F5"应用键(图 7-4-11)。

图 7-4-10　操作步骤(9)　　　　图 7-4-11　操作步骤(10)

项 目 小 结

坐标系对于工业机器人的空间运动极其重要,它是为了确定机器人的位置和姿态,而在机器人或空间上进行定义的位置指标系统。本项目以 FANUC 机器人为例,首先介绍了坐标系的类型;然后详细描述了工具坐标系、用户坐标系和有效负载的设置方法。同学们应重点理解坐标系的概念,在实际工作中根据具体情况,能够熟练地对各类坐标系进行正确设置。

项目八　图形轨迹综合的编程与操作

项目导入

机器人摆线轨迹、直线轨迹、圆弧轨迹及复合图形轨迹等图形轨迹综合的编程与操作，可以直接、快捷地指引机器人在工件搬运过程中，从一个位置灵活移动到另一个位置，运动轨迹可以是直线，也可以是曲线，或者是复合轨迹，省时省力地高效完成搬运任务。

本项目主要介绍了摆线轨迹的编程与操作、直线轨迹的编程与操作、圆弧轨迹的编程与操作、复合图形轨迹的编程与操作。

学习目标

1. 知识目标

（1）能正确识别关节运动 J、直线运动 L、圆弧运动 C 这三种常用运动指令；

（2）能准确描述关节运动 J、直线运动 L、圆弧运动 C 这三种常用运动指令的特点、用途及设置方法；

（3）能熟练运用条件指令 IF 的格式，进行指令 IF 的逻辑运算。

2. 技能目标

能独立完成摆线轨迹、直线轨迹、圆弧轨迹、复合图形轨迹的编程与操作。

3. 情感目标

（1）通过小组讨论各项运动指令的区别与操作注意事项，培养学生沟通协调、团队协作的合作精神；

（2）通过完成各项运动指令编程的操作，养成细心严谨的工作态度。

任务一 摆线轨迹的编程与操作

任务目标

1. 知识目标

（1）描述运动轨迹编程程序中"P""PR""FINE""CNT"等相关运动参数；

（2）概括归纳运动指令 J 的特点、用途及设置方法。

2. 技能目标

能够完成摆线轨迹的编程与操作。

3. 教学重点

（1）运动指令 J 的特点、用途及设置方法；

（2）摆线轨迹的编程与操作。

任务知识

摆线轨迹是在指令中只给出机器人运动路径的起点和终点，对两点间的运动轨迹不做要求，机器人按照自身的轨迹优化原则确定两点间的运动路径，一般这种情况下机器人走出的是一条圆弧轨迹。

另外，在一些特殊情况下，比如，从起点到终点要经过"奇异点"（5 轴位置 J5 = 0）时，如果采用直线轨迹，机器人会报错，无法完成动作，必须采用摆线轨迹。

摆线轨迹的编程与操作，会涉及运动参数的设定、运动指令 J 的代入、示教器编程程序的创建等关联项，因此，本任务将主要围绕运动参数介绍、运动指令 J、设置安全点、在编程程序中创建世界坐标系等知识点分别展开陈述。

一、运动参数介绍

图形轨迹编程程序中应用到的运动参数范围如下（图 8-1-1）：

1. 位置数据

位置数据主要有"P 一般位置"和"PR 位置寄存器"两种。

"P 一般位置"是在程序示教过程中逐个记录到程序中的点位，这些位置数据不能与其他程序共享。

"PR 位置寄存器"是事先记录在位置寄存器中的点位，可以多个程序共享。

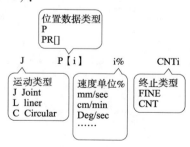

图 8-1-1 关节坐标系

2. 运动类型

运动类型主要有曲线运动 J、直线运动 L、圆弧运动 C。

（1）曲线运动 J：工具在两个指定的点之间以任意弧线运动。

（2）直线运动 L：工具在两个指定的点之间沿直线运动。

(3)圆弧运动 C:工具在三个指定的点之间沿圆弧运动。

3. 速度单位

速度单位主要有%、mm/sec、cm/min、Deg/sec 等。

速度单位随运动类型而改变,可以改变机器人的运行速度。

4. 终止类型

终止类型主要有"FINE"和"CNT"两种。

(1)"FINE"是精确到达目标点,并在目标点停顿。

(2)"CNT"是在目标点圆滑过渡,没有停顿。"CNT"后面的参数(0~100%)表示圆滑度,数值越大,轨迹就越圆滑(CNT0 = FINE)。

"CNT"一般用在程序路径中的过渡点,使机器人轨迹更加顺滑,运动更加流畅,以提高生产效率。

二、关节运动指令 J

曲线运动 J,即机器人的工具中心点 TCP 从一个位置移动到另一个位置,两个位置之间的路径不一定是直线。如图 8-1-2 所示是在对路径精度要求不高的情况下,比如,在搬运过程中,工件在无障碍空间走过的路径。

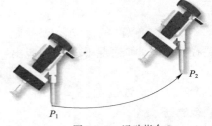

图 8-1-2 运动指令 J

在使用关节运动指令时,由于机器人的轨迹有不确定性,因此,示教时要特别注意,两个目标点之间距离不要过大,机器人的姿态也不要相差太大,必要时可以多增加几个过渡点来约束轨迹。

三、设置安全点

一般在机器人正式运动前,我们会设置一个相对的安全位置点。安全点的位置和姿态可以根据生产现场周边设备的布局来决定,也可以按照图 8-1-3 参数设置。安全点一般作为机器人程序的开始点和结束点,当程序中间需要等待或者避让时,也可以让机器人暂时回到安全点。

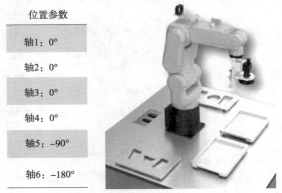

图 8-1-3 安全点的位置

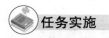任务实施

摆线轨迹的编程与操作步骤如下。

(1)在示教器中创建程序,按"SELECT + F2"键创建(图8-1-4)。

(2)输入程序名"SQUARE1"。按"ENTER"键确认(图8-1-5)。

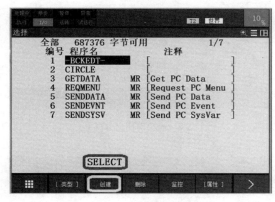

图8-1-4 操作步骤(1)

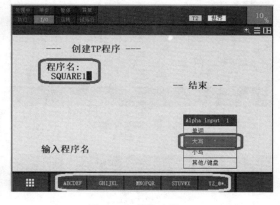

图8-1-5 操作步骤(2)

(3)将坐标系切换成世界坐标系,按"SHIFT + COORD"键,将Tool编号更改为2,User编号更改为0(图8-1-6)。

(4)按"NEXT"键进入下一页,按"F1"指令键,选择"偏移/坐标系"选项,按"ENTER"键确认(图8-1-7)。

图8-1-6 操作步骤(3)

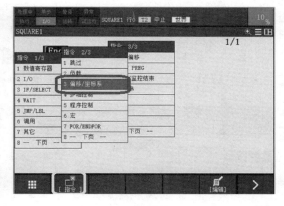

图8-1-7 操作步骤(4)

这里设置的坐标系编号必须与下面在程序中调用的坐标系编号一致,否则程序无法运行。

(5)选择"UFRAME_NUM = …"选项(图8-1-8)。

(6)选择输入常数(图8-1-9)。

(7)输入0,调用默认用户坐标系(图8-1-10)。

(8)用相同的办法,调用工具坐标系为"UTOOL_NUM = 2",即之前创建的工具坐标系(图8-1-11)。

图 8-1-8　操作步骤(5)

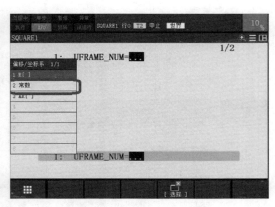
图 8-1-9　操作步骤(6)

图 8-1-10　操作步骤(7)

图 8-1-11　操作步骤(8)

(9) 按"F1"指令键,选择"负载"选项,插入负载"PAYLOAD[2]"(图 8-1-12)。

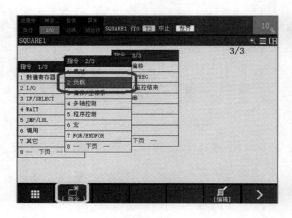
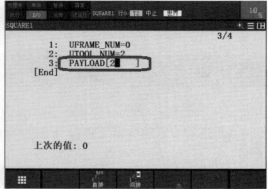

图 8-1-12　操作步骤(9)

(10) 按"NEXT"键,继续按"F1"键,插入运动指令 J(图 8-1-13)。

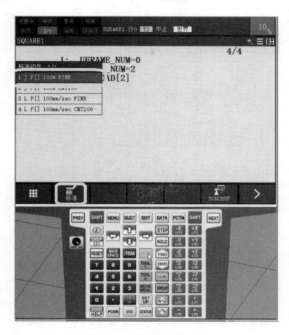

图 8-1-13　操作步骤(10)

(11)光标移至速度 100,输入数字 20,光标移至 FINE,按"F4"选择键,选择"CNT"选项,输入数字 50(图 8-1-14)。

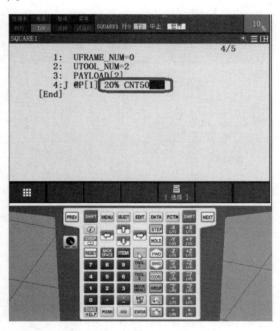

图 8-1-14　操作步骤(11)

(12)继续添加指令 J,光标移至 P2 点,按"F5"位置键,继续按"F5"形式键,选择"关节"选项,按"ENTER"键确认,改变参数(图 8-1-15)。

图 8-1-15　操作步骤(12)

(13)光标移至第一行,按"SHIFT + FWD"键。屏幕提示选择"是"选项,按"SHIFT + FWD"键,机器人开始运行(图 8-1-16)。

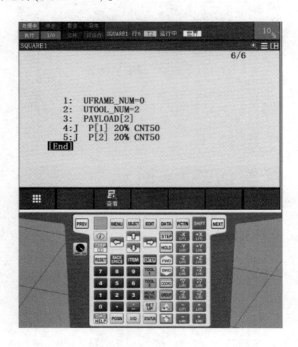

图 8-1-16　操作步骤(13)

在测试程序前,确认速度的倍率已降为 10%。

任务二 直线轨迹的编程与操作

任务目标

1. 知识目标

（1）描述直线指令 L 的定义及特点；
（2）概括直线指令 L 与摆线指令 J 的区别；
（3）举例 L 指令的引用方式；
（4）运用示教器中的通用坐标系，创建运动参数。

2. 技能目标

能够完成直线轨迹的编程与操作。

3. 教学重点

（1）直线指令 L 与摆线指令 J 的区别；
（2）直线轨迹的编程与操作。

任务知识

运动是工业机器人工作的前提，工业机器人要完成焊接、涂胶等任务时需要接收到相关的运动轨迹指令，所以直线指令是机器人完成直线操作的基础。

一、直线定义及要求

线性运动即机器人的 TCP 点从起点到终点之间的路径始终保持为直线（图 8-2-1）。工业机器人发出的运动轨迹为直线的指令为直线指令，需要注意的是，直线指令不仅要规定机器人的起始点和终止点，而且要给出介于起始点和终止点之间的中间点（即路径点）。运动轨迹除了位姿约束外，还存在着各路径点之间的分配问题，即规定直线运动路径的同时，还要给出两个路径点之间的运动时间。一般在焊接、涂胶、搬运等对路径精度要求较高的场合使用此指令。

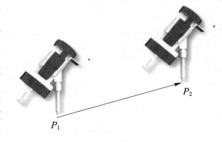

图 8-2-1 直线指令 L

二、直线指令与摆线指令的区别

在搬运程序中，末端执行器从工件上方的接近点下降，到达工件的抓取位置，必须使用直线指令 L，以保证执行器沿直线垂直下降，直接与工件接触，不与工件发生干涉或水平方向的相对运动。而在搬运过程中,如果机器人携带工件在无障碍的空间中运动,可以使用摆线指令J(图8-2-2)。

如果末端执行器从接近点 A 下降到抓取点 B 时,采用摆线指令 J(图 8-2-3),则在吸盘与工件接触的瞬间,吸盘相对于工件有一个向右的水平运动,吸盘与工件之间的水平摩擦力会带动工件水平向右作微量的移动,导致吸盘抓取工件的位置发生改变,这样,在放置工件时,工件的位置也会发生变化,这会带来严重后果。比如,在码垛作业中,导致堆垛不整齐;如果是放置在固定的定位装置上,会导致工件位置偏移,或者与装置发生干涉。

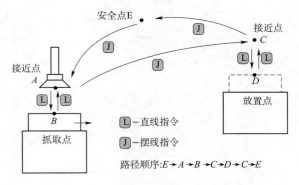

图 8-2-2　直线指令与摆线指令的应用　　　　图 8-2-3　抓取工件时发生水平位移

由此可见,正确运用摆线运动指令和直线运动指令,对于机器人程序的运行效果有着重要的影响。

三、L 指令的引用方式

直线运动轨迹采用直线指令(即 L 指令)。L 指令的引用方式为 L、P[i]、mm/sec、CNTi,具体可参考表 8-2-1。

L 指令的引用方式　　　　　表 8-2-1

参　数	含　义
P[i]	目标点位置数据
mm/sec	运动速度数据
CNTi	终止类型

任务实施

下面通过摆线运动指令和直线运动指令相结合,完成一个编程过程,使机器人走出方框形运动轨迹。

(1)将手动坐标系设定为通用坐标系,按"SHIFT + COORD"键,将"Tool"编号更改为 2,User 编号更改为 0(图 8-2-4)。

(2)创建程序"SQUARE1"(图 8-2-5)。

项目八 图形轨迹综合的编程与操作

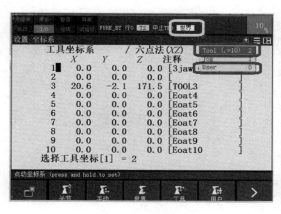

图 8-2-4 操作步骤(1)

图 8-2-5 操作步骤(2)

(3)按照"任务一"中的方法,调用工具坐标系编号 UTOOL_NUM = 2,用户坐标系编号 UFRAME_NUM = 0,负载 PAYLOAD[2](图 8-2-6)。

(4)使机器人运动到方框形轨迹的正上方,插入摆线运动指令 J 记录 P[1]点。更改速度为 20mm%,结尾方式为 CNT50(图 8-2-7)。

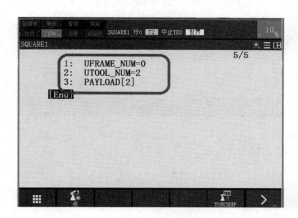

图 8-2-6 操作步骤(3)

图 8-2-7 操作步骤(4)

(5)手动机器人到方框轨迹的第一个目标点,插入动作指令 L,记录 P[2]点。更改速度为 20mm/s,确认点位结尾方式为 FINE,按"ENTER"键确认(图 8-2-8)。

(6)用同样的方法,将机器人移动到正方形轨迹的其他目标点,依次插入运动指令 L,记录 P[3]、P[4]、P[5]点。

(7)使机器人回到 P[2]点的方法:在 P[5]点后面插入任意一 L 运动指令,因为 P[2]点在前面已经录入,所以只需将新记录点的编号直接更改为 2 即可。

(8)用同样的方法,输入正方形轨迹上方的离去点 P[1](图 8-2-9)。

(9)最后输入安全点 P[6],录入方法是:在程序最后任意记录一个 J 运动指令 P[6],选中"形式"菜单,选择"关节"选项,将 P[6]点的 J 坐标值改为安全点的坐标值(图 8-2-10)。

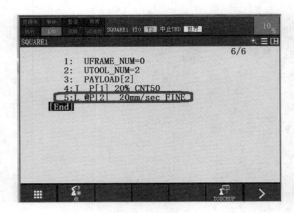 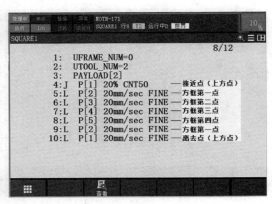

图 8-2-8　操作步骤(5)　　　　　　　图 8-2-9　操作步骤(6)~(8)

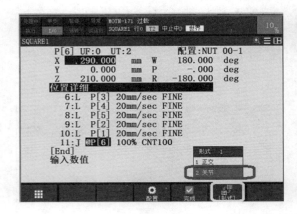 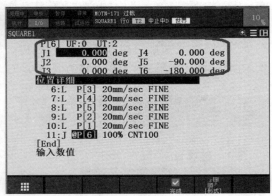

图 8-2-10　操作步骤(9)

(10) 最终程序如图 8-2-11 所示。

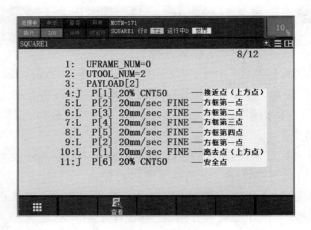

图 8-2-11　操作步骤(10)

任务三　圆弧轨迹的编程与操作

1．知识目标
（1）描述圆弧指令 C 的定义及特点；
（2）概括编制圆弧指令时应避免的错误点；
（3）复述规划圆弧路径；
（4）运用示教器中的世界坐标系，创建运动参数。

2．技能目标
能够完成圆弧轨迹的编程与操作。

3．教学重点
（1）圆弧指令 C 的定义及特点；
（2）直线轨迹的编程与操作。

任务知识

当工业机器人在特殊环境下（如进行圆形钢桶的焊接）需要替代劳动者完成圆弧轨迹的任务时，就要用到相应的圆弧指令，所以圆弧指令是机器人完成圆弧操作的基础。

一、圆弧指令的参数及要求

工业机器人末端执行器的圆弧轨迹通常由示教的圆弧起点、中间点和终止点决定。所以，圆弧路径要在机器人可达到的空间范围内定义三个位置点：第一点是圆弧的起点，第二点是决定圆弧的曲率，第三点是圆弧的终点。

1．圆弧指令的参数
圆弧指令即 C 指令，C 指令的引用方式如下：
C、P【1】、P【2】、mm/sec、CNTi，具体见表 8-3-1。

C 指令的引用方式　　　　　　　　　　　　　表 8-3-1

参　　数	含　　义
P【1】	中间点位置数据
P【2】	终点位置数据
mm/sec	运动速度数据设置及其单位
CNTi	终止类型

如图 8-3-1 所示，圆弧轨迹通过起点 P_{10}、中间点 P_{20}、终点 P_{30} 定义，其中 P_{20} 和 P_{30} 由圆弧指令给出，起点 P_{10} 是上一条运动指令的目标点。

2．编制圆弧指令的要求
（1）保证中间点离起点的距离不要太近，若中间点离起点太近（图 8-3-2），则会降低机器人计算圆弧轨迹的精度，出现这种情况时，机器人会发出报错提示。

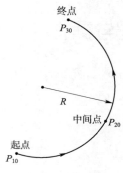
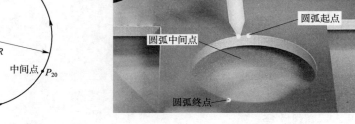

图 8-3-1　圆弧路径　　　　　图 8-3-2　圆弧中间点离起点距离近

(2) 保证中间点离终点的距离不要太近,若中间点离终点太近(图 8-3-3),同样会降低机器人计算圆弧轨迹的精度,出现这种情况时,机器人也会发出报错提示。

(3) 圆弧不能大于 180°,若圆弧大于 180°(图 8-3-4),则机器人按照小于 180°给出圆弧轨迹的计算结果。

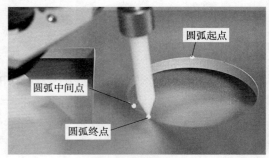
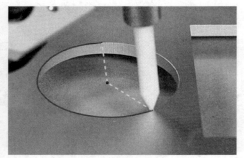

图 8-3-3　圆弧中间点离终点距离近　　　　　图 8-3-4　圆弧大于 180°

二、规划圆弧路径

如图 8-3-5 所示,路径由三段圆弧构成:P_2-P_3-P_4;P_4-P_5-P_6;P_6-P_7-P_2,加上 P_1 点作为整个轨迹的接近点和离去点。

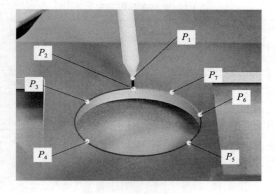

图 8-3-5　规划圆弧路径

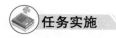

任务实施

圆弧轨迹的编程与操作步骤如下。

(1)在示教圆弧轨迹编程前,将坐标系切换成世界坐标系。按"SHIFT + COORD"键,将 Tool 编号更改为 2,User 编号更改为 0(图 8-3-6)。

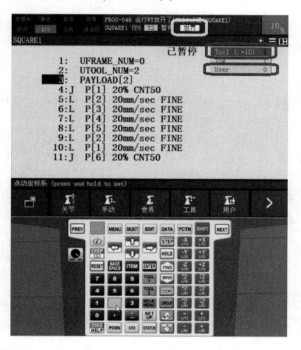

图 8-3-6 操作步骤(1)

(2)这里设置的坐标系编号必须与下面在程序中插入的坐标系编号一致,否则程序无法运行(图 8-3-7)。

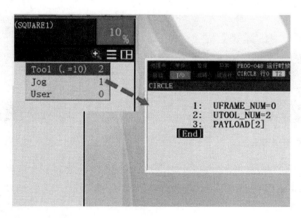

图 8-3-7 操作步骤(2)

(3)按"SELECT + F2"键创建,输入程序名"CIRCLE",按"ENTER"键进入(图 8-3-8)。

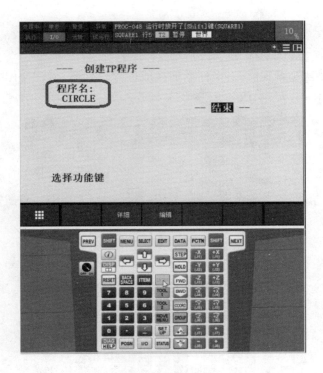

图 8-3-8 操作步骤(3)

(4)调用用户坐标系 UFRAME_NUM=0(图 8-3-9)。

(5)用相同的方法,调用工具坐标系 UTOOL_NUM=2(图 8-3-10)。

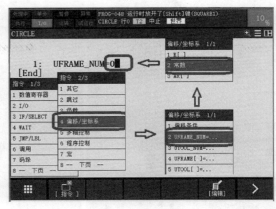

图 8-3-9 操作步骤(4)　　　　　　　　图 8-3-10 操作步骤(5)

(6)用"任务一"中的方法,插入负载 PAYLOAD[2](图 8-3-11)。

(7)移动机器人到圆弧上方点,插入运动指令 J,修改速度为 20%,结束形式为 CNT50(图 8-3-12)。

(8)移动机器人到圆弧起始点;插入运动指令 L(图 8-3-13)。

(9)移动机器人到前半段圆弧中点,先插入运动指令 L(图 8-3-14)。

项目八　图形轨迹综合的编程与操作

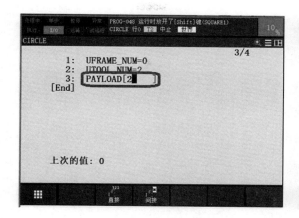

图 8-3-11　操作步骤(6)

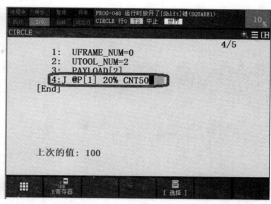

图 8-3-12　操作步骤(7)

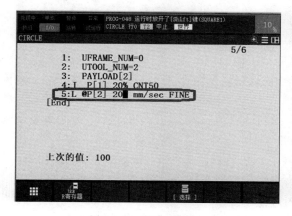

图 8-3-13　操作步骤(8)

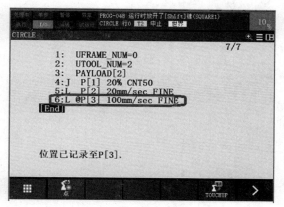

图 8-3-14　操作步骤(9)

(10)光标移至"L",按"F4"选择键(图 8-3-15)。

(11)选择"圆弧"选项,按"ENTER"键确认(图 8-3-16)。

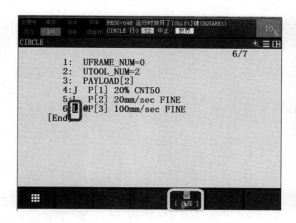

图 8-3-15　操作步骤(10)

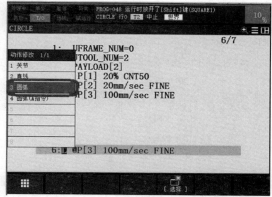

图 8-3-16　操作步骤(11)

(12)P[3]即为当前机器人点位,即前半段圆弧中点(图 8-3-17)。

· 147 ·

（13）继续移动机器人到第一段圆弧结束点，光标移至 C 指令的第二点，更改点的标号为 4，按"ENTER"键确认（图 8-3-18）。

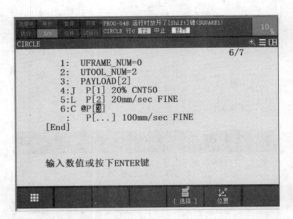

图 8-3-17　操作步骤（12）

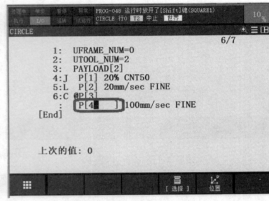

图 8-3-18　操作步骤（13）

（14）移动光标到此行的最前端，按"SHIFT + TOUCH"键，记录当前点位，更改速度为 20mm/sec，结束形式为 FINE（图 8-3-19）。

（15）用同样的方法，示教第二段和第三段圆弧点位。圆弧示教完成后，通过指令 L 回到 P[1]点。

（16）测试运行前，确定速度将至 10%，光标移至第一行，按"SHIFT" + "FWD"键，运行程序。

（17）运行过程中，各中间点处都会出现停顿现象，为了消除停顿现象，将对应点的结束方式改为 CNT50，便可使程序运行更加顺滑。

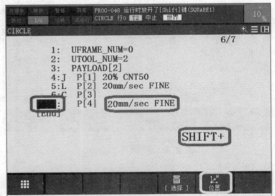

图 8-3-19　操作步骤（14）

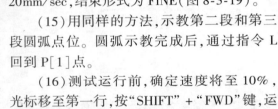

最终程序如图 8-3-20 所示。

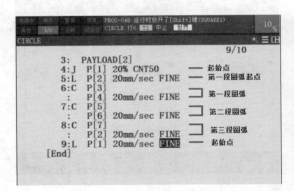

图 8-3-20　操作步骤（15）~（17）

任务四　复合图形轨迹的编程与操作

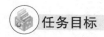

1. 知识目标
(1) 描述条件指令 IF 的格式条件；
(2) 举例指令 IF 的逻辑运算。
2. 技能目标
能够完成复合图形轨迹的编程与操作。
3. 教学重点
(1) 指令 IF 的逻辑运算；
(2) 直线轨迹的编程与操作。

在实际工作中，机器人的轨迹经常不是单纯的直线或圆弧，而是复合图形轨迹，复合图形轨迹是由直线轨迹和圆弧轨迹组合而成。另外，用复合图形轨迹逼近复杂的任意曲线轨迹，也可以满足大多数机器人作业对轨迹精度的要求。

为了实现直线轨迹与圆弧轨迹的组合，本节复合图形轨迹的编程与操作将借助条件指令 IF 的格式及逻辑运算来实现，因此，本任务将主要围绕条件指令 IF 的格式、条件指令 IF 的逻辑运算及复合图形轨迹程序编程等内容来展开陈述。

一、条件指令 IF 的格式

条件指令 IF，可以根据条件要求选择性完成相关工作，IF 语句由"变量""运算符""值"和"行为"组成，如图 8-4-1 所示。

(1) 变量：可以是数值寄存器 R[i]，也可以是输入/输出信号 I/O。
(2) 运算符：有六种，分别为 =（等于）、< >（不等于）、>（大于）、<（小于）、> =（大于等于）、< =（小于等于）。
(3) 值：可以是 Constant（常数）、数值寄存器 R[i]、开关量 ON/OFF。根据变量的不同，对应的值也不同。

当变量为数值寄存器 R[i]时，其值为 Constant 常数或 R[i]；当变量为输入/输出信号 I/O 时，其值为开关量 ON 或 OFF。

(4) 行为：包括 JMP LBL[i]跳转指令和 CALL 调用指令。
JMP LBL[i]跳转指令是指跳转到标签 LBL[i]处，通常与标签指令 LBL[i]同时使用，i =

IF			
变量	运算符	值	行为
R[i]	>>=	Constant(常数)	JMP LBL[i]
I/O	=<=	R[i]	Call(program)
	<>	ON	
		OFF	

图 8-4-1　圆弧路径的定义

1,2,3……为标签编号。

CALL 是调用指令,后面跟程序名,常用来调用子程序。

二、条件指令 IF 的逻辑运算

IF 指令可以通过逻辑运算符"or"和"and"将多个条件组合在一起,"and"表示几个条件必须同时满足才能产生行为;"or"表示几个条件只要满足其一就可以产生行为。

"or"和"and"不能在同一行中使用,例如:

(1)IF（条件1）AND（条件2）AND（条件3）是正确的写法;

(2)IF（条件1）AND（条件2）OR（条件3）是错误的写法。

IF 的逻辑运算示例如图 8-4-2～图 8-4-5 所示。

【例1】 IF R[1] <3,JMP LBL[1]。

如果满足 R[1]的值小于 3 的条件,程序跳转到标签 1 处。

【例2】 IF DO[1] = ON,CALL TEST。

如果满足 DO[1] = ON 的条件,则调用程序 TEST。

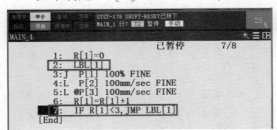

图 8-4-2 例1

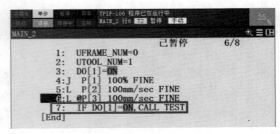

图 8-4-3 例2

【例3】 IF R[1] < =3 AND DI[2] < > ON,JMP LBL[2]。

如果满足 R[1]的值小于等于 3 及 DI[2]不等于 ON 的条件,则跳转到标签 2 处。

【例4】 IF R[1] > =3 OR DI[1] = ON,CALL TEST2。

如果满足 R[1]的值大于等于 3 或 DI[1]等于 ON 的条件,则调用程序 TEST2。

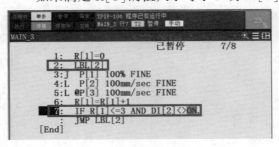

图 8-4-4 例3

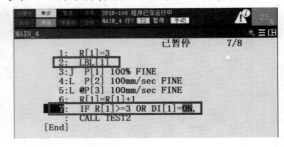

图 8-4-5 例4

任务实施

复合图形轨迹的编程与操作步骤如下。

(1) 检查复合轨迹路径程序 CIRCLE(图 8-4-6)。
(2) 检查复合轨迹路径程序 SQUARE1(图 8-4-7)。

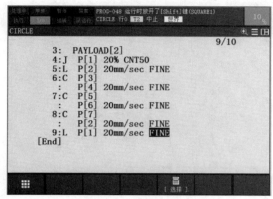

图 8-4-6　操作步骤(1)

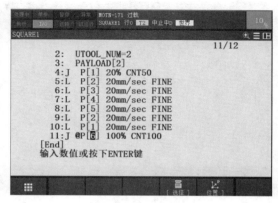

图 8-4-7　操作步骤(2)

(3) 单击"SELECT"命令,按"F2"键创建(图 8-4-8)。
(4) 进入注释,输入"FUHE"(图 8-4-9)。

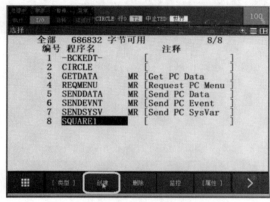

图 8-4-8　操作步骤(3)

图 8-4-9　操作步骤(4)

(5) 按"ENTER"键确认(图 8-4-10)。
(6) 单击"F1"指令按键,选择"调用"选项(图 8-4-11)。

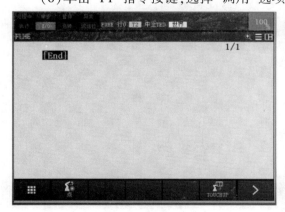

图 8-4-10　操作步骤(5)

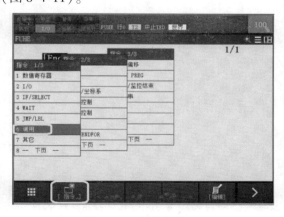

图 8-4-11　操作步骤(6)

(7)依次调用"CIRCLE"和"SQUARE1"子程序(图8-4-12)。

(8)按"F5"编辑键,选择"插入"选项,在 CALL CIRCLE 前插入空白行(图8-4-13)。

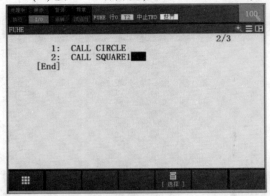

图 8-4-12　操作步骤(7)

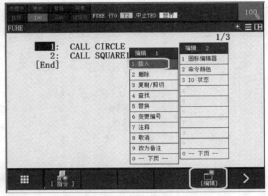

图 8-4-13　操作步骤(8)

(9)按"F1"指令键,选择"数值寄存器"选项(图8-4-14)。

(10)创建 R[1]=1(图8-4-15)。

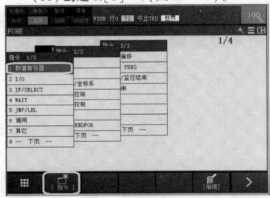

图 8-4-14　操作步骤(9)

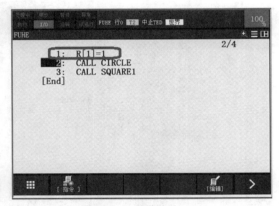

图 8-4-15　操作步骤(10)

(11)在 CALL CIRCLE 和 CALL SQUARE1 之间插入空白行;按"F1"指令键,选择"数值寄存器"选项,创建 R[1]=R[1]+1(图8-4-16)。

(12)按"F1"指令键,选择"IF/SELECT"选项,按"ENTER"键确认(图8-4-17)。

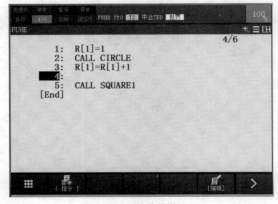

图 8-4-16　操作步骤(11)

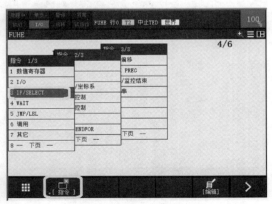

图 8-4-17　操作步骤(12)

(13) 选择 IF 小于等于(图 8-4-18)。
(14) 创建 IF 条件语句(图 8-4-19)。

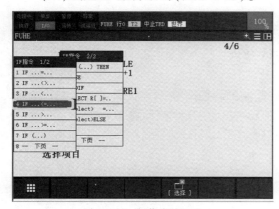

图 8-4-18　操作步骤(13)

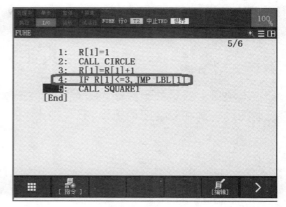

图 8-4-19　操作步骤(14)

(15) 在 CALL CIRCLE 前插入空白行(图 8-4-20)。
(16) 按"F1"指令键,选择"JMP/LBL"选项(图 8-4-21)。

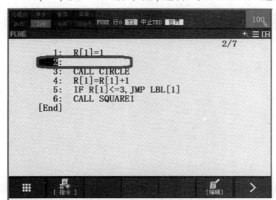

图 8-4-20　操作步骤(15)

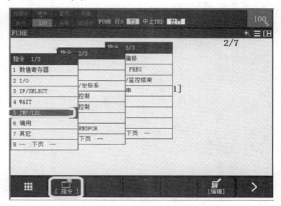

图 8-4-21　操作步骤(16)

(17) 创建标签行 LBL[1],程序创建完成(图 8-4-22)。
(18) 检查机器人运行状态(图 8-4-23)。

图 8-4-22　操作步骤(17)

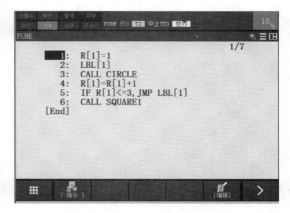

图 8-4-23　操作步骤(18)

①移动光标至程序最前端；
②确认速度的倍率已降为10%；
③按"SHIFT + FWD"键。

项 目 小 结

本项目主要是关于机器人进行各类图形轨迹绘制的编程与操作方式的讲解。针对三种典型图形轨迹和复合图形轨迹，分别讲述了各自的编程方式、指令类型操作方法。

项目九　搬运综合编程与操作

项目导入

工业机器人编程是为使机器人完成某种任务而设置的动作顺序描述,机器人搬运运动过程和指令都是由程序完成的。因此,学习机器人搬运编程可以为机器人复杂运动的编程奠定基础。

本项目主要包括吸盘工具拾放、搬运编程、码垛编程及复合搬运编程等内容。

学习目标

1. 知识目标

(1) 能说出吸附位置;

(2) 能解释吸盘的控制信号的作用及工作过程;

(3) 能辨别吸气和吹气程序,并解释其意义;

(4) 能说出搬运编程任务,并解释搬运程序结构所表达的意义;

(5) 能陈述码垛指令及码垛式样,说明码垛寄存器、解释码垛程序结构;

(6) 能说出复合搬运编程的意义,解释复合搬运程序结构。

2. 技能目标

(1) 能建立吸气和吹气程序;

(2) 能完成搬运编程、码垛编程、复合搬运编程的操作步骤。

3. 情感目标

通过学习工业机器人搬运编程培养小组合作精神,增强机器人的自主学习能力;培养操作精密设备的严谨工作态度。

任务一　吸盘工具拾放的编程与操作

任务目标

1. 知识目标
(1) 能说出吸附位置的意义;
(2) 能陈述吸盘的控制信号的作用及工作过程;
(3) 能辨别吸气和吹气程序,并解释其作用。

2. 技能目标
能正确建立吸气程序和吹气程序。

3. 教学重点
(1) 吸盘的控制信号;
(2) 吸气程序和吹气程序。

任务知识

在搬运机器人的末端执行器中,吸盘是最简单、最经济的一种。吸盘适合搬运上平面平整、重量较轻的工件。在进行搬运机器人编程之前,首先要了解吸盘吸附和释放工件的工作原理和工作过程。吸附工件如图9-1-1所示。

一、吸附位置

移动机器人,使吸盘与工件中心尽量重合。为使吸盘与工件上表面紧密贴合,应使吸盘有一定的下压变形量,保证吸盘的唇口与工件贴合紧密,不会发生真空泄露。

二、吸盘的控制信号

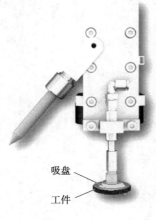

图 9-1-1　吸附工件

(一) 输出信号

1. DO[226] – 吸气信号

当程序执行到 DO[226] = ON 时,机器人控制系统给 DO[226] 对应的电磁阀上电,接通气路,给真空发生器供气,由真空发生器产生真空并通过管路送给吸盘。

2. DO[227] – 吹气信号

当程序执行到 DO[227] = ON 时,对应的电磁阀接通,直接给吸盘提供压缩空气,此时吸盘由吸气变为吹气。如果在释放工件时没有吹气动作,仅仅是停止给真空发生器供气,那么,在真空发生器停止产生真空度后的短时间内,由于真空度还没有完全消失,导致工件不能马上掉落,甚至工件可能会被机器人带着一起返回。吹气动作就是使工件到达放置位置后,能够迅速被吹落,这样可以减少等待时间,提高生产效率。

(二)输入信号

输入信号为 DI[226] – 真空度信号,该信号来自吸盘真空管路中安装的一个压力开关,当真空度达到规定数值时,DI[226]信号变为 ON,说明吸盘口已经被封闭,即工件已被吸附。

三、吸气程序和吹气程序

1. 吸气程序

吸气程序如图9-1-2 所示。第一步,使吸气输出信号 DO[226] = ON,开始吸气;第二步,等待 DI[226] = ON,确定已经吸附工件;第三步,再等待 0.5 秒,使工件被牢固吸附。之后就可以执行运动指令,将零件搬运移位。

```
1: DO[226:SUCK]=ON           吸气输出-打开
2: WAIT DI[226:VACCUM]=ON    等待真空度建立
3: WAIT     .50(sec)         再等待0.5秒
```

图 9-1-2　吸气程序

2. 吹气程序

吹气程序如图9-1-3 所示。第一步,关闭吸气输出信号,即 DO[226] = OFF,停止吸气;第二步,使吹气输出信号 DO[227]输出一个 0.5 秒脉冲,即吹气 0.5 秒;第三步,等待压力开关信号 DI[226] = OFF,即吸力消失;第四步,再等待 0.5 秒,确保工件已经掉落。之后就可以执行机器人返回的动作指令。

```
1: DO[226:SUCK]=OFF              吸气输出-关闭
2: DO[227:BLOW]=PULSE, 0.5sec    吹气输出-打开0.5秒
3: WAIT DI[226:VACCUM]=OFF       等待真空度消失
4: WAIT 0.5   (sec)              再等待0.5秒
```

图 9-1-3　吹气程序

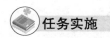
任务实施

一、吸气程序的建立

吸气程序操作步骤如下。

(1)吸盘吸气信号(SUCK)采用数字输出 DO(226);吸盘吹气信号(BLOW)采用数字输出 DO(227)(图9-1-4)。

(2)创建吸盘工具拾放程序"SUCKER"(图9-1-5)。

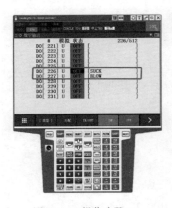

图9-1-4　操作步骤(1)　　　　　图9-1-5　操作步骤(2)

(3)按F1指令键,选择"I/O"选项(图9-1-6)。
(4)选择"DO[ ]=…"选项(图9-1-7)。

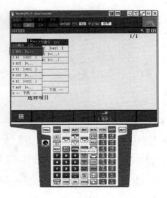

图9-1-6　操作步骤(3)　　　　　图9-1-7　操作步骤(4)

(5)选择"ON"选项(图9-1-8)。
(6)按"F1"指令键,选择"WAIT";选择格式"WAIT=";选择信号"DI[ ]"(图9-1-9)。

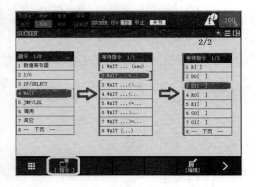

图9-1-8　操作步骤(5)　　　　　图9-1-9　操作步骤(6)

(7)输入数字226(图9-1-10)。
(8)选择"ON"选项(图9-1-11)。

| 图 9-1-10　操作步骤(7) | 图 9-1-11　操作步骤(8) |

(9)按"F1"指令键,选择"WAIT"选项(图 9-1-12)。
(10)输入等待时间 0.5 秒,完成吸盘吸气的程序(图 9-1-13)。

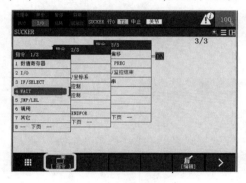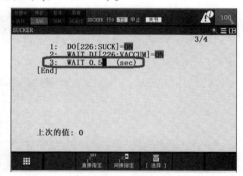

| 图 9-1-12　操作步骤(9) | 图 9-1-13　操作步骤(10) |

二、吹气程序的建立

吹气程序操作步骤如下。
(1)在示教器中新建程序"BLOW"(图 9-1-14)。
(2)按"F1"指令键,选择"I/O"选择,"DO[ ]=…"选项,输入数字"226",选择"OFF"选项,按"ENTER"键确认(图 9-1-15)。

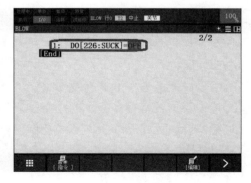

| 图 9-1-14　操作步骤(1) | 图 9-1-15　操作步骤(2) |

(3)按"F1"指令键,选择"I/O"→"DO[ ]=…"选项,输入数字"227",选择"脉冲(宽度)"选项,数字输入"0.5",按"ENTER"键确认(图9-1-16)。

(4)用相同的方法,按"F1"指令键,创建一条等待数显压力信号关闭的指令(图9-1-17)。

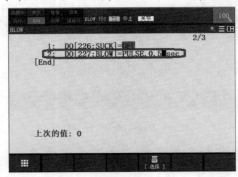
图9-1-16 操作步骤(3)

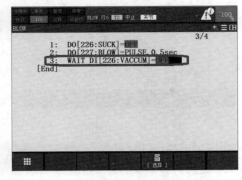
图9-1-17 操作步骤(4)

(5)按"F1"指令键,选择"WAIT",→"WAIT…(sec)",输入数字0.5,按"ENTER"键确认(图9-1-18)。

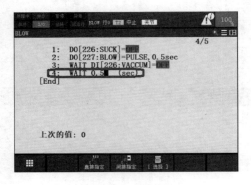
图9-1-18 操作步骤(5)

任务二 搬运的编程与操作

任务目标

1. 知识目标

(1)能说出搬运任务的意义及作用;

(2)能说明位置寄存器指令的作用;

(3)能解释搬运程序结构的意义及作用。

2. 技能目标

(1)会使用位置寄存器进行加减运算;

(2)能正确操作搬运编程。

3. 教学重点

（1）位置寄存器指令的理解和位置寄存器的使用；

（2）搬运编程。

任务知识

搬运是机器人最常见的作业任务，从水泥包、化肥包的搬运；传送带上零件的高速分拣；到精密的电子元件的装配，都属于搬运作业的范畴，可见机器人搬运对降低工人的劳动强度、提高生产效率有着十分重要的意义，在各行业中具有广泛的应用前景。机器人搬运程序除了包含搬运路径的有关信息外，还需要包含末端执行的驱动信号，使得末端执行器在适当的时候做出抓取和放置的动作。

一、搬运路径与程序

用吸盘工具将四个圆片工件从 A 搬运到 a；从 B 搬运到 b；从 C 搬运到 c；从 D 搬运到 d，如图9-2-1所示。

建立四个结构相似的子程序，分别完成上述四个工件的搬运任务，然后建立一个总的搬运程序，分别调用这四个子程序，完成总的搬运任务。

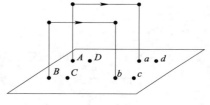

图9-2-1 搬运任务

二、位置寄存器指令

机器人在搬运路径的各点位之间，都是沿着 Y 轴、Z 轴方向做水平或者垂直运动，也就是相邻两点之间位置数据的差别，只是在某一方向上坐标值的增减。因此不采用示教法，通过点的坐标值计算，也可以方便准确地得到相关点位的位置数据。

位置寄存器是记录有位置信息的寄存器，可以进行加减运算。

1. 位置寄存器的形式

位置寄存器有两种形式，即 PR[i] 和 PR[i,j]。

（1）PR[i]。

其中，i 为位置寄存器编号。

可以应用赋值语句将当前位置信息赋值给 PR[i]。

例如：PR[3] = LPOS，

把当前位置信息复制到位置寄存器 PR[3] 中去。

（2）PR[i,j]。

其中，i 为位置寄存器编号；j 为数字对应的坐标方向，见表9-2-1。

PR[i,j]中数字 j 对应的坐标方向 表9-2-1

数字 j	1	2	3	4	5	6
直角坐标	X	Y	Z	W	P	R
关节坐标	J1	J2	J3	J4	J5	J6

161

2. 位置寄存器的加减运算

位置寄存器的加减运算采用如下形式

$$PR[i,j] = PR[i,j] + a$$

该表达式的含义是，将已经存储在 PR[i] 中的位置信息，在 j 对应的方向上偏移 a。例如

$$PR[3,2] = PR[3,2] + 342$$

将存储在 PR[3] 中的位置信息在 Y 轴（直角坐标系的情况下）的正方向上偏移 342mm。

三、搬运程序的结构

将工件从 A 点搬运到 a 点的搬运程序，以及搬运路径中各关键点的位置如图 9-2-2 所示。

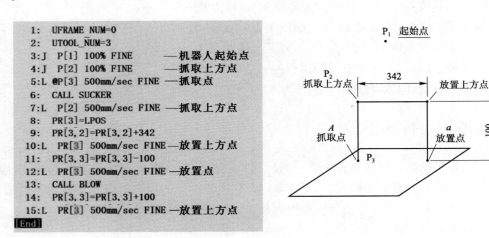

图 9-2-2 搬运程序的结构

程序中，"CALL SUCKER"和"CALL BLOW"是调用"任务一"中已经建立好的"SUCKER"和"BLOW"子程序。

程序中，以下三处采用了位置寄存器的加减运算功能：

(1) 从抓取上方点到达放置上方点；
(2) 从放置上方点下移到放置点；
(3) 从放置点回到放置上方点。

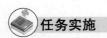
任务实施

搬运编程操作步骤如下。
(1) 首先，创建搬运圆片 A 程序，单击"确定"按钮，进入"BANYUN_A"程序（图 9-2-3）。
(2) 添加用户坐标系指令（图 9-2-4）。

图9-2-3 操作步骤(1)　　　　　　图9-2-4 操作步骤(2)

(3)使用户坐标系为0(图9-2-5)。
(4)添加工具坐标系指令(图9-2-6)。

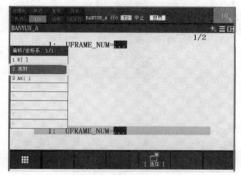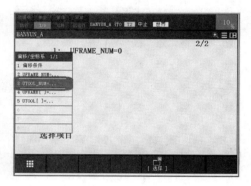

图9-2-5 操作步骤(3)　　　　　　图9-2-6 操作步骤(4)

(5)让工具坐标系为3(图9-2-7)。
(6)添加关节运动指令,记录机器人初始状态P1点(图9-2-8)。

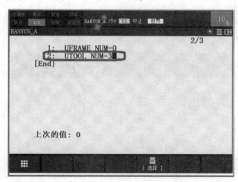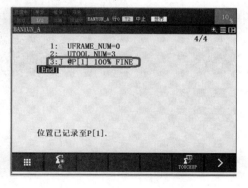

图9-2-7 操作步骤(5)　　　　　　图9-2-8 操作步骤(6)

(7)添加关节运动指令,记录圆片A正上方位置P2点(图9-2-9)。
(8)添加直线运动指令,记录圆片吸取位置P3点,更改速度为500mm/s(图9-2-10)。
(9)调用吸盘吸取子程序SUCK(图9-2-11)。
(10)添加直线运动指令,将P[4]修改为P[2],速度100修改为500(图9-2-12)。

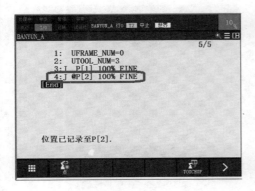

图 9-2-9　操作步骤(7)

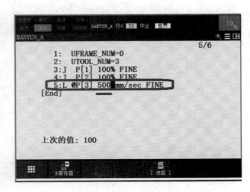

图 9-2-10　操作步骤(8)

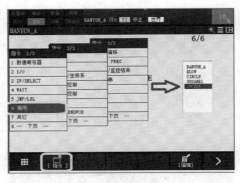

图 9-2-11　操作步骤(9)

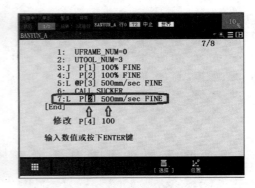

图 9-2-12　操作步骤(10)

(11) 按 F1 指令键,在出现的指令框中,选择位置寄存器指令,单击"确定"按钮(图 9-2-13)。

(12) 移动光标,使光标向左移动,选中 P[ ],输入数字 3,单击"确定"按钮,完成指令 "PR[3] = LPOS"(图 9-2-14)。

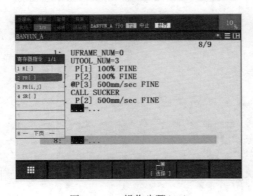

图 9-2-13　操作步骤(11)

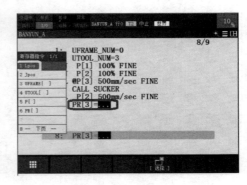

图 9-2-14　操作步骤(12)

(13) 用相同的操作,添加指令"PR[3,2] = PR[3,2] + 342"(图 9-2-15)。

(14) 添加运动指令"L PR[3] 500mm/sec FINE"(图 9-2-16)。

图 9-2-15　操作步骤(13)

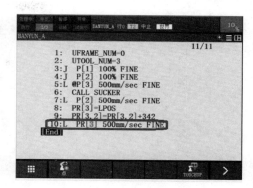

图 9-2-16　操作步骤(14)

（15）添加指令"PR[3,3]=PR[3,3]-100"（图 9-2-17）。

（16）添加运动指令"L PR[3] 500mm/sec FINE"（图 9-2-18）。

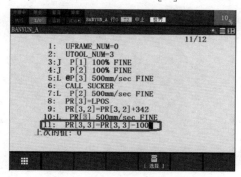

图 9-2-17　操作步骤(15)

图 9-2-18　操作步骤(16)

（17）调用吸盘吸取子程序"Blow"（图 9-2-19）。

（18）添加指令"PR[3,3]=PR[3,3]+100"（图 9-2-20）。

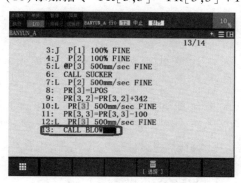

图 9-2-19　操作步骤(17)

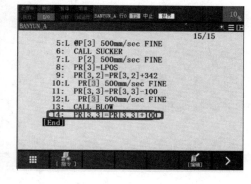

图 9-2-20　操作步骤(18)

（19）添加运动指令"L PR[3] 500mm/sec FINE"（图 9-2-21）。

（20）同理，创建"banyun_B"，"banyun_C"，"banyun_D"；

然后，创建总的搬运程序，分别调用"banyun_A""banyun_B""banyun_C""banyun_D"（图 9-2-22）。

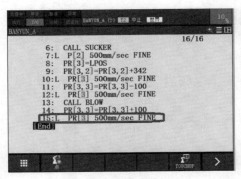

图 9-2-21　操作步骤(19)

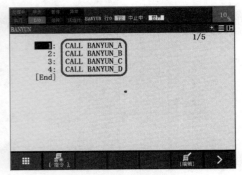

图 9-2-22　操作步骤(20)

任务三　塔式码垛的编程与操作

任务目标

1. 知识目标

(1) 能说出码垛指令的意义;
(2) 能陈述码垛式样的类型并解释其作用;
(3) 能说出码垛指令组组成部分,并解释各组成部分的作用;
(4) 能解释码垛程序结构的作用;
(5) 能概述关键点和典型路径的位置。

2. 技能目标

能完成从 2 行 6 列 1 层的拆垛到 2 行 2 列 3 层的码垛的搬运过程。

3. 教学重点

(1) 码垛指令组、码垛寄存器和码垛程序结构;
(2) 码垛搬运编程。

任务知识

在自动生产线中,经常需要将大量产品从流水线上取下,进行多层码放,形成一个整齐排列的产品集合,以便于运输或包装,这样的工作过程称为码垛。适合码垛的产品一般要求外形比较规则,如包装箱、装满整袋的物料(如化肥、粮食等)。

4行3列4层/码垛寄存器PL(行, 列, 层)

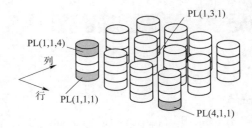

图 9-3-1　码垛关键点

一、码垛指令概览

在编辑机器人码垛程序时,采用专门的码垛指令,只需要对码垛中几个关键点进行示教,机器人控制系统就可以计算出码垛中所有工件的位置数据,然后从下层到上层按照顺序逐个进行码放。如图 9-3-1 所示,只需对图中四个关键点进行示教,其他工件位置均由码垛指令计算得出。

二、码垛式样

(一)码垛式样B

式样B所有工件的姿势一定,垛堆的底边呈直线,垛堆的底面形状是长方形,或者是平行四边形,如图9-3-2所示。

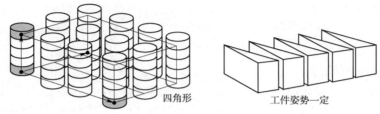

图9-3-2　码垛式样B

(二)码垛式样E

式样E可以形成更为复杂的码垛式样,例如,希望改变工件的姿态,或者垛堆的底面形状不是平行四边形,如图9-3-3所示。

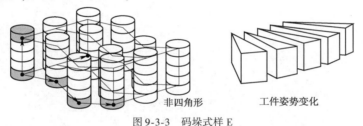

图9-3-3　码垛式样E

(三)码垛式样BX和EX

式样BX和EX可以设定多条码垛线路,对应的式样B和E则只能设定一条码垛线路。码垛路线是由接近路线和离去路线两部分串联而成,如图9-3-4所示。

设置多条码垛路线的目的是,当生产现场环境比较复杂,或者机器人的操作空间比较狭小,尤其是高度方向空间不够时,不同位置的工件就需要从不同方向接近垛堆,以免与垛堆或者周边设备发生干涉。

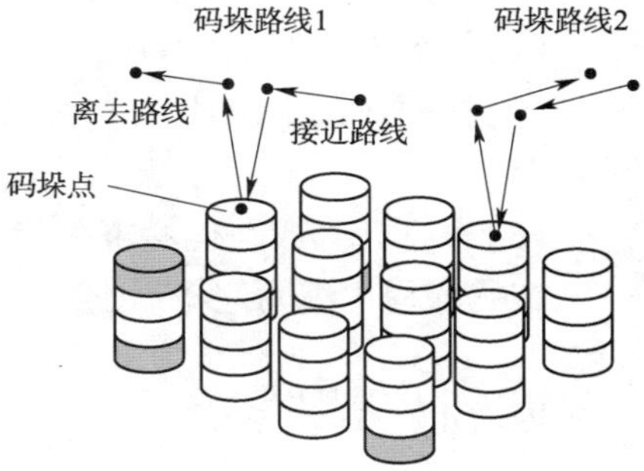

三、码垛指令组

码垛指令组由码垛指令、码垛动作指令和码垛结束指令三项指令构成。

图9-3-4　码垛式样BX和EX

(一)码垛指令

在码垛示教时,已经记录了码垛关键点位置及典型码垛路线,但是,垛堆中每个工件的码放位置及码垛路线都是不同的,需要根据所记录的关键点位置及典型码垛路线重新进行计算，并改写码垛动作指令的位置数据，这个任务是由码垛指令完成的，包括计算码放位置和计算码垛路线。

1. 计算码放位置

根据码垛寄存器当前所计数的工件位置（第几行、第几列、第几层）、所选定的码垛式样、所记录的关键点位置，计算出当前码垛工件位置数据。

2. 计算码垛路线

根据码垛寄存器当前所计数的工件位置（第几行、第几列、第几层）、所选定的码垛式样、所记录的关键点位置，以及所记录的典型码垛路线，计算出当前码垛工件的码垛路线，如图9-3-5所示。

PALLETIZING[式样]_i
B，BX，E，EX　　码垛堆积号码

图9-3-5　码垛指令

（二）码垛动作指令

码垛动作指令是专用指令，它是三条动作指令的集合，这三条动作指令分别以接近点、码垛点、离开点作为位置数据，而这些位置数据在每次码垛循环时，由码垛指令计算后进行更新，如图9-3-6所示。

J　PAL_i　[A_1]　100%　FINE
码垛堆积号码　　经路点
　(1~16)　　A_n　：接近点 n = 1 ~ 8
　　　　　　BTM　：堆叠点
　　　　　　R_n　：逃点 n = 1 ~ 8

变量	含义
i	码垛指令的编号
A_n	工件上方接近点的位置信息
BTM	吸取或者放开工件时的位置信息
R_n	工件上方逃离点的位置信息，一般与接近点相同

图9-3-6　码垛动作指令

（三）码垛结束指令

码垛结束指令完成以下三项任务：

（1）结束当前堆上点的流程；

（2）按照所设定的计数顺序（如 RCL—行列层）及计数间隔（INCR = 1），自动计算下一个堆上点；

（3）根据计算改写码垛寄存器中的值，准备给下一轮循环中的码垛指令计算所用。

在码垛程序编写完毕后，会自动生成码垛结束指令。

四、码垛寄存器

码垛指令是根据码垛寄存器的当前计数状态（图9-3-7），知道当前要进行哪一个位置的工件码垛，因此，码垛寄存器的计数状态是码垛指令计算位置数据和码垛路径的依据。码垛寄存器的数值在每次码垛循环时，由码垛结束指令进行更新。

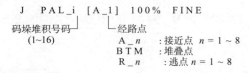

PL [i]=[i,j,k]
码垛寄存器号码　　i-行 j-列 k-层
　(1~32)

图9-3-7　码垛寄存器

五、码垛程序结构

程序 4～19 行之间是码垛循环,每次循环在 10 行(吸附码垛结束指令)和 17 行(释放码垛结束指令)处,分别对吸附码垛寄存器 PL(1) 和释放码垛寄存器 PL(2) 数值进行更新,即所计数的码垛点位递进 1,当 PL(2) = (1,1,1) 时,说明一轮码垛循环已经结束,程序跳到 LBL(2) 结束,如图 9-3-8 所示。

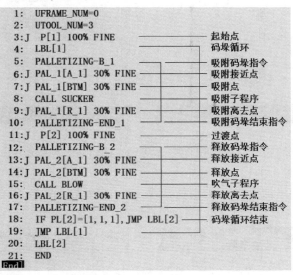

图 9-3-8　码垛程序结构

六、关键点和典型路径的位置

关键点和典型路径的位置如图 9-3-9 所示。

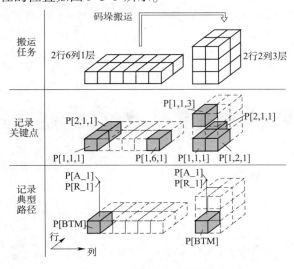

图 9-3-9　关键点和典型路径

任务实施

从2行6列1层的拆垛到2行2列3层的码垛的搬运过程,编程步骤如下。

(1)创建码垛程序,程序名为"MADUO",单击"确定"按钮,进入码垛程序(图9-3-10)。

(2)添加用户坐标系、工具坐标系,机器人初始运动指令(图9-3-11)。

图9-3-10　操作步骤(1)　　　　　　　图9-3-11　操作步骤(2)

(3)点击指令按键,添加7码垛指令,选择"1PALLETIZING-B"选项,单击"确定"按钮,进入码垛配置界面(图9-3-12)。

(4)在配置界面,添加码垛注释1,行数改为2,列数改为6,按F5键完成,进入下一个界面(图9-3-13)。

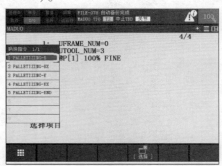
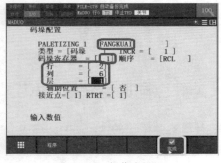

图9-3-12　操作步骤(3)　　　　　　　图9-3-13　操作步骤(4)

(5)移动机器人至P[1,1,1]吸取点,按"SHIFT"+"F4"记录(图9-3-14)。

(6)移动机器人,完成P[2,1,1]和P[1,6,1]点位记录。按F5键完成,进入下一个界面(图9-3-15)。

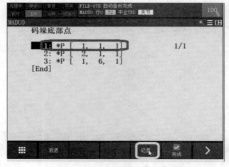
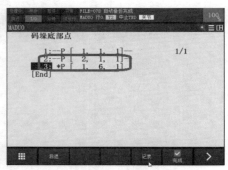

图9-3-14　操作步骤(5)　　　　　　　图9-3-15　操作步骤(6)

(7)移动机器人,分别移至接近点、吸取点和逃离点的上方,按 F4 键记录,完成码垛路线的配置(图 9-3-16)。

(8)码垛指令生成,在码垛点调用吸盘吸取程序"SUCKER"(图 9-3-17)。

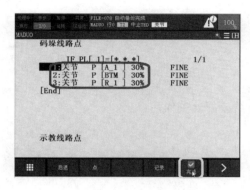

图 9-3-16 操作步骤(7)

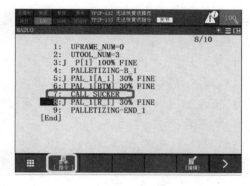

图 9-3-17 操作步骤(8)

(9)针对码垛释放动作,添加码垛指令,在配置界面,修改如图 9-3-18 所示。

(10)完成码垛释放指令中涉及的点位记录(图 9-3-19)。

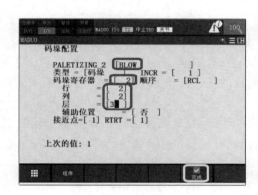

图 9-3-18 操作步骤(9)

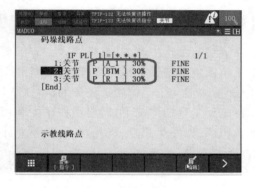

图 9-3-19 操作步骤(10)

(11)在码垛释放点调用吸盘释放程序"BlOW"(图 9-3-20)。

(12)添加循环指令,添加判断指令,判断码垛完成后,跳出结束程序(图 9-3-21)。

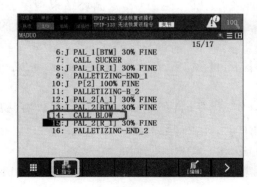

图 9-3-20 操作步骤(11)

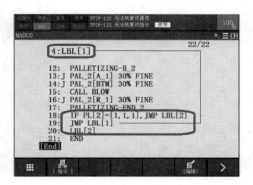

图 9-3-21 操作步骤(12)

任务四　复合搬运的编程与操作

任务目标

1. 知识目标

(1) 能说出码垛指令的意义；
(2) 能陈述码垛式样的类型,并解释其作用；
(3) 能说出码垛指令组组成部分,并解释各组成部分的作用；
(4) 能解释码垛程序结构的作用；
(5) 能概述关键点和典型路径的位置。

2. 技能目标

能完成从 2 行 6 列 1 层的拆垛到 2 行 2 列 3 层的码垛的搬运过程。

3. 教学重点

(1) 码垛指令组、码垛寄存器和码垛程序结构；
(2) 码垛搬运编程。

任务知识

在大型自动化生产线中,机器人有时需要执行多项搬运任务,比如,一台机器人要负责几个工位的上下料任务,此时就需要根据生产流程的工艺安排,以及各个工位传递来的任务完成信号,决定几个工位搬运任务的执行顺序。

在这种复杂的情况下,需要在程序中利用逻辑判断指令或者循环指令对生产流程进行判断和组织,以便对几个工位的搬运任务进行合理排序,提高生产线的整体运行效率和机器人的使用率。

一、逻辑判断 FOR/ENDFOR 指令定义

根据指定的次数,重复执行对应的程序段,指令格式如图 9-4-1 所示。

```
1: FOR(计数器)=(初始值)TO(目标值)
        ┌ 常数      ┌ 常数
        │ R[i]      │ R[i]
        └ AR[i]     └ AR[i]
2: L    P[2]    100mm/sec    FINE
3: L    P[3]    100mm/sec    CNT100
4: ENDFOR
```
图 9-4-1　FOR/ENDFOR 指令

FOR 是循环开始指令,ENDFOR 是循环结束指令,这两个指令必须搭配使用,两者之间就是所要循环执行的程序段。

初始值应小于目标值,循环次数 =(目标值 – 初始值)+1。

初次执行 FOR 指令时,将初始值赋值给计数器,执行 FOR 和 ENDFOR 之间的程序段,运行到 ENDFOR 时,如果计数器值小于目标值,则计数器值加 1,光标跳到 FOR 指令的后续行,继续执行 FOR 和 ENDFOR 之间的程序段。

当某一次循环执行到 ENDFOR 指令时,计数器值等于目标值,则不再加 1,执行 ENDFOR 后续程序段,循环结束。

例如：

FORR[1] = 1 TO 2

R[1]的值从1到2，循环次数=(2-1)+1=2，将FOR和ENDFOR之间的程序段执行2次。

二、FOR/ENDFOR 组合原则

通过在FOR/ENDFOR区间中进一步插入FOR/ENDFOR指令，可以形成嵌套结构，嵌套结构最多可以有10层，大于10层系统会报错。

FOR指令和ENDFOR指令必须成对出现，即FOR和ENDFOR指令的数量在程序中必须相等，否则系统会报错。

FOR/ENDFOR的组合，按照就近原则顺序组合，即就近的FOR/ENDFOR指令形成一个循环，如图9-4-2所示。

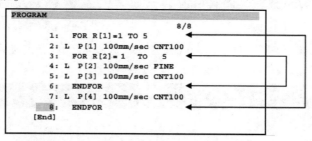

图9-4-2　FOR/ENDFOR就近组合原则

三、复合搬运程序结构

主程序中包括搬运循环和码垛循环，其中搬运循环包括搬运和搬运复位两个子程序串联运行，即将工件搬过去再搬回来，因此搬运循环的运行次数没有限制，无须人工将零件恢复位置。而在码垛循环中，只有码垛子程序，没有复位程序，因此码垛循环只能运行一次，必须由人工将码垛零件复位后再重新运行程序，如图9-4-3所示。

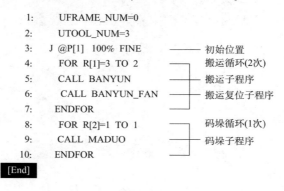

图9-4-3　复合搬运程序结构

任务实施

复合搬运编程步骤如下。

(1)创建程序,程序名为"FUHE_BY",单击"确定"按钮,进入程序(图9-4-4)。

(2)添加正确的用户坐标系、工具坐标系,机器人初始运动指令(图9-4-5)。

图9-4-4 操作步骤(1)

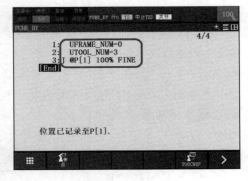

图9-4-5 操作步骤(2)

(3)点击指令按键,选择"FOR/ENDFOR"指令,选中1FOR,点击确定(图9-4-6)。

(4)输入数字1,输入数字2(执行2次)(图9-4-7)。

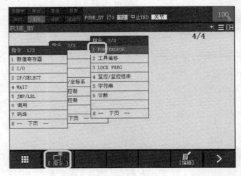

图9-4-6 操作步骤(3)　　　　图9-4-7 操作步骤(4)

(5)调用搬运程序"BANYUN""BANYUN_FAN"(图9-4-8)。

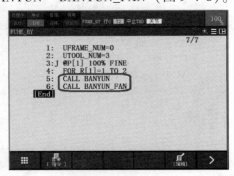

图9-4-8 操作步骤(5)

(6)单击指令按键,选择"FOR/ENDFOR"指令,选择"ENDFOR"选项(图9-4-9)。

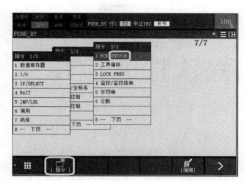
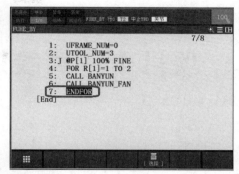

图 9-4-9　操作步骤(6)

(7)用类似的方法,设置码垛程序的循环运行(图 9-4-10)。

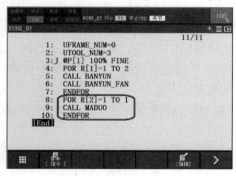

图 9-4-10　操作步骤(7)

项 目 小 结

本项目以 FANUC 机器人为例,通过吸盘拾放、塔式码垛以及复合搬运实例,对工业机器人搬运应用进行综合讲述,重点介绍了 FANUC 机器人搬运编程的指令结构以及操作方法。

项目十 离线编程软件的应用

项目导入

机器人编程方法有两种,即在线示教编程和离线编程。在线示教编程只能对直线和圆弧路径进行编程,而且逐点示教使得编程过程烦琐、效率低、精度低。在工业机器人的焊接、喷漆、涂胶等作业中,经常需要机器人走出复杂的空间任意曲线轨迹,这些轨迹无法通过人工示教的方法获得。

离线编程是在机器人仿真软件中进行的,软件中有专门的工具对工件三维模型上的棱边进行拾取,并将其自动转换成为机器人的路径轨迹,因此使复杂轨迹的编程工作大大简化,并且提高了机器人轨迹的精度。

离线编程是在计算机上完成的,程序生成后,直接下载到机器人中,再根据机器人工装夹具的位置稍作调整,就可以投入使用,因此可以减少机器人的停机时间,提高机器人的利用率。离线编程是目前普遍采用的高效的机器人编程方法。

为了学习机器人的离线编程方法,在本项目中,用 UG 软件创建三维字体模型,以三维字体模型作为工件,导入到 FANUC 机器人仿真软件 RoboGuide 中,利用仿真软件的路径拾取工具、拾取字体模型的棱边,并将其转化为机器人的离线轨迹程序,然后对有缺陷的路径点进行检查和调整,加入抬刀点、落刀点、接近点、离去点等过渡点,最终完成机器人的离线轨迹程序。

根据上述内容设计,本项目需完成如下操作步骤:
(1)首先,在其他软件(如 UG)中建立工件(或字体)的三维模型;
(2)将三维模型以规定的文件格式导入到 FANUC 机器人仿真软件 RoboGuide 中;
(3)在仿真软件中建立机器人的工作环境,对工件三维模型进行定位;
(4)在 RoboGuide 中,为机器人安装工具,设定工具参数;
(5)用棱边拾取工具"Edge Line"建立机器人运动路径,并生成机器人的 TP 程序;
(6)对生成的机器人运动轨迹进行检测、缺陷修补,加入抬刀轨迹;
(7)导出 TP 程序。

学习目标

1. 知识目标
(1)能阐明机器人、固定装置(Fixture)、工件(Part)的位置关系;
(2)能列举工具尺寸、工具坐标系、接近点、离去点及轨迹特征等设置技巧;
(3)能概括棱边拾取的两种类型——"三维拾取"和"二维拾取"。

2. 技能目标
(1)能尝试在仿真软件中创建写字模块;

（2）能再现"运用棱边拾取工具"Edge Line"建立机器人运动路径"的程序编程；
（3）能完成离线轨迹程序中的缺陷修复和抬笔路径制作。

3. 情感目标

通过完成机器人离线编程操作，培养学生沟通协调的合作精神及严谨细致的态度。

任务一　创建写字模块

任务目标

1. 知识目标

（1）掌握字体模型的创建和导入方法；
（2）理解机器人、固定装置（Fixture）、工件（Part）三者之间位置关系的含义。

2. 技能目标

运用仿真软件导入字体模型。

3. 教学重点

（1）建立机器人、固定装置（Fixture）、工件（Part）三者之间的位置关系。
（2）仿真软件导入字体模型。

任务知识

写字模块即字体模型，在本项目中，将字体模型作为工件，对模型的棱边进行拾取，并生成机器人轨迹。因此，最终完成的机器人路径轨迹将沿着模型的棱边行走，机器人所携带的笔尖走出的是空心字轨迹。

在本任务中，通过 UG 软件创建字体模型，并导入到 FANUC 机器人仿真软件 RoboGuide 中，在仿真软件中建立机器人的工作环境，并对三维字体模型进行定位。

在仿真软件中，建立的固定装置（Fixture）相当于安放工件的工作台，首先要确定工作台相对于机器人的位置，然后确定字体模型（Part）在工作台上的位置。下面介绍机器人、固定装置（Fixture）、字体模型（Part）三者位置关系的确定方法。

在仿真软件 Robo Guide 中，主要功能都在工程编辑器（Cell Browser）里，如图 10-1-1 所示。其中最常用的功能项分别是固定装置（Fixture）、工件（Part）、工具（Tooling）、程序（Programe）四项，固定装置和工件将在"任务一"中用到。

Part 是机器人的工作对象，可以是被焊接的工件、被喷漆的产品，或者是要书写的字体模型等。Part 必须被安放在 Fixture 上，因此 Fixture 相当于是一个用来摆放工件的工作平台。可见，要在仿真环境

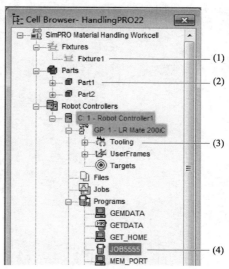

图 10-1-1　工程编辑器

中对工件 Part 进行定位,就需要确定 Fixture 相对于机器人、Part 相对于 Fixture 的位置关系。

(一) Fixture 相对于机器人的位置关系

Fixture 相对于机器人的位置关系如图 10-1-2 所示。

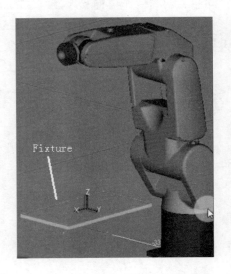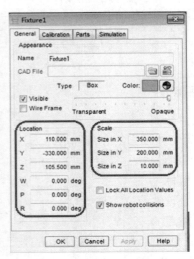

图 10-1-2　Fixture 相对于机器人的位置关系

在 Fixture 对话框中,可以设定 Fixture 的尺寸(Scale)和相对于机器人的位置(Location)。在 Location 中有 6 个坐标值 X、Y、Z、W、P、R,其中 X、Y、Z 表示 Fixture 坐标系相对于机器人全局坐标系(WORLD),沿 WORLD 的 X、Y、Z 轴的平移量;W、P、R 表示 Fixture 坐标系相对于机器人全局坐标系(WORLD),绕 WORLD 的 X、Y、Z 轴的旋转角度。

在图 10-1-2 中,W、P、R 值均为 0,说明 Fixture 坐标系的方向与机器人 WORLD 坐标系的方向完全一致;X、Y、Z 的数值不为 0,分别表示 Fixture 坐标系沿机器人 WORLD 坐标系的 X、Y、Z 方向分别平移相应的距离,如图 10-1-3 所示。

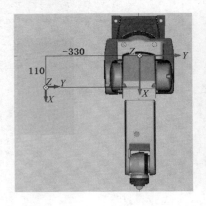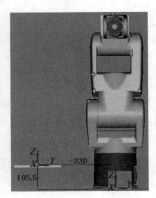

图 10-1-3　X、Y、Z 坐标值的含义

(二) Part 相对于 Fixture 的位置关系

Part 相对于 Fixture 的位置关系如图 10-1-4 所示。

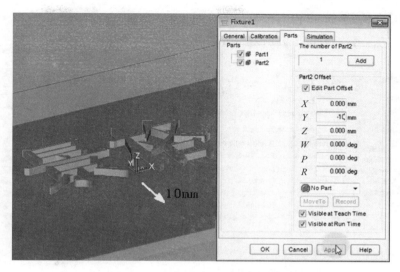

图 10-1-4　Part 相对于 Fixture 的位置关系

Part 相对于 Fixture 的位置关系在 Fixture 对话框的 Part 标签页中设定。首先勾选所需的工件(例如 Part2),工件就被摆放在了 Fixture 上。可以调整 Part2 在 Fixture 上的位置,勾选"Edit part offset",下方有 X、Y、Z、W、P、R 6 个坐标值,其中 X、Y、Z 表示 Part 相对于 Fixture 坐标系沿 Fixture 的 X、Y、Z 轴平移的距离;W、P、R 表示 Part 相对于 Fixture 坐标系绕 Fixture 的 X、Y、Z 轴旋转的角度。

初始状态 X、Y、Z、W、P、R 值均为 0,表示 Part2 和 Fixture 的坐标系完全重合。如图 10-1-4 所示,Y 输入 -10,按 Apply 后,Part 2 字体模型将沿 Fixture 坐标系 Y 轴的负方向平移 10mm。

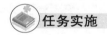

一、启动仿真软件

启动仿真软件具体操作步骤如下。
(1)在"所有程序"菜单中点击仿真软件图标(图 10-1-5)。
(2)单击"新建"按钮(图 10-1-6)。

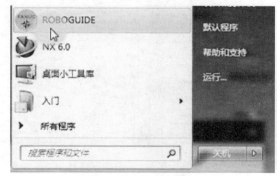

图 10-1-5　操作步骤(1)

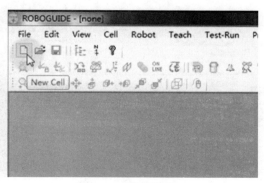

图 10-1-6　操作步骤(2)

(3)选择搬运系统"HandingPRO",单击"NEXT"按钮(图10-1-7)。

(4)输入工程名称"HandingPRO22"(图10-1-8)。

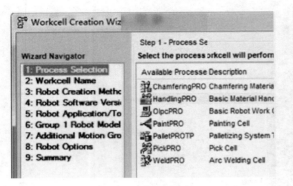

图10-1-7　操作步骤(3)

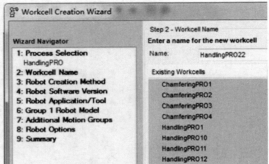

图10-1-8　操作步骤(4)

(5)选择以默认方式创建机器人(图10-1-9)。

(6)选择V7.70版本(图10-1-10)。

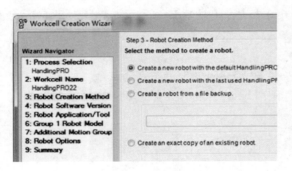

图10-1-9　操作步骤(5)

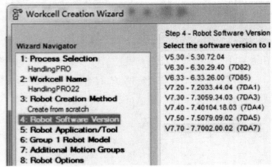

图10-1-10　操作步骤(6)

(7)选择工具包(图10-1-11)。

(8)选择机器人型号LR Mate 200iC(图10-1-12)。

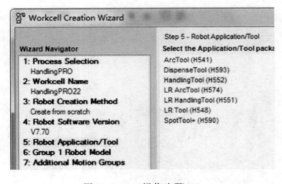

图10-1-11　操作步骤(7)

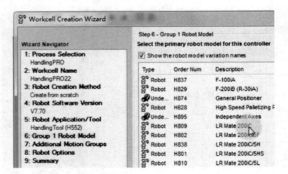

图10-1-12　操作步骤(8)

(9)选择无附加运动组(图10-1-13)。

（10）选择默认的软件操作方式（图10-1-14）。

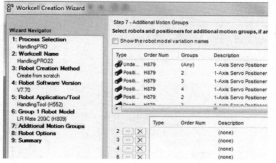

图10-1-13　操作步骤(9)

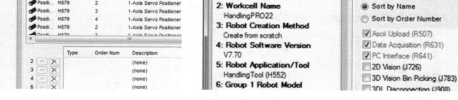

图10-1-14　操作步骤(10)

（11）检查所有设置的内容（图10-1-15）。
（12）打开示教器"Teach Pendant"（图10-1-16）。

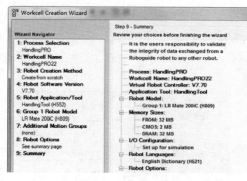

图10-1-15　操作步骤(11)

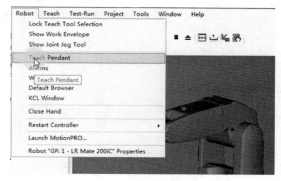

图10-1-16　操作步骤(12)

（13）示教器开关置于"ON"，按"SHIFT + 运动键"，检查机器人各个方向运动是否正常（图10-1-17）。

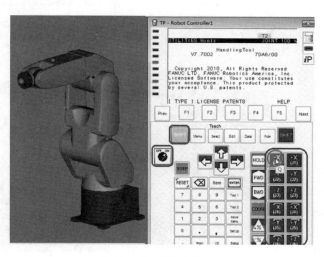

图10-1-17　操作步骤(13)

二、导入字体模型到机器人仿真软件中

导入字体模型到机器人仿真软件中的具体操作步骤如下。

(1)打开工程编辑器"Cell Browser"(图10-1-18)。

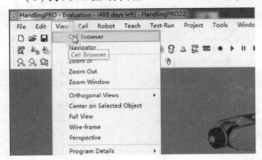

图10-1-18 操作步骤(1)

(2)右键单击"Fixtures"按钮,创建Fixture1(图10-1-19)。

(3)修改Fixture1的尺寸和位置参数,单击Apply,可以看到Fixture1出现在规定位置(图10-1-20)。

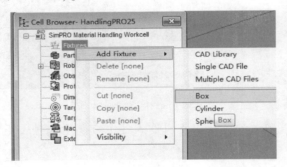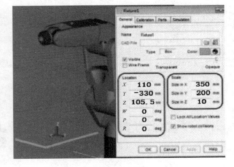

图10-1-19 操作步骤(2)　　　　图10-1-20 操作步骤(3)

(4)打开(UG)NX6.0软件(图10-1-21)。

(5)单击"新建"按钮(图10-1-22)。

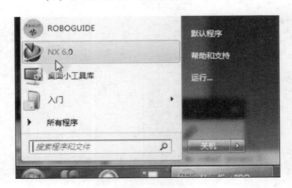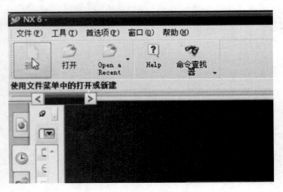

图10-1-21 操作步骤(4)　　　　图10-1-22 操作步骤(5)

(6)选择"模型"选项(图10-1-23)。

图10-1-23　操作步骤(6)

(7)用命令搜索器搜索"文本"工具;在文本工具中输入文本字体(图10-1-24)。注意,将文字放置在场景中时,一定要使文字中心与场景的坐标中心重合。

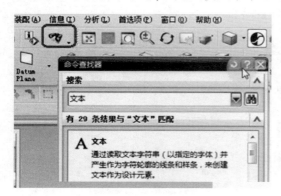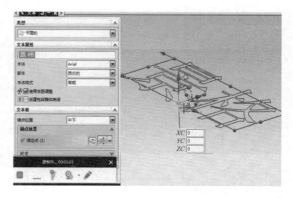

图10-1-24　操作步骤(7)

(8)将字体的长度和宽度尺寸都放大10倍,即小数点向后移一位(图10-1-25)。

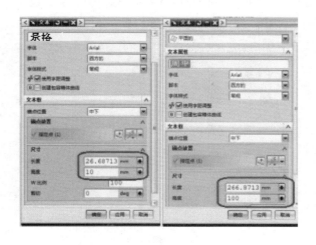

图10-1-25　操作步骤(8)

(9) 拉伸字体高度为 5mm（图 10-1-26）。

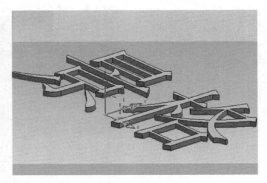

图 10-1-26　操作步骤(9)

(10) 将字体文件先另存为".prt"文件（图 10-1-27）。

(11) 再将字体文件另存为".igs"文件（图 10-1-28）。

图 10-1-27　操作步骤(10)　　　　　图 10-1-28　操作步骤(11)

(12) 关闭(UG)NX6.0 软件，回到机器人仿真软件中，右键单击"parts"→"Add Part"按钮，将字体模型的.igs 文件导入到仿真软件中（图 10-1-29）。

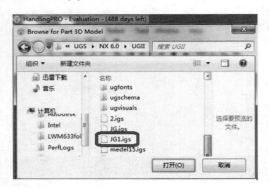

图 10-1-29　操作步骤(12)

(13)调整字体模型的 X、Y 方向比例为 0.5(图 10-1-30)。

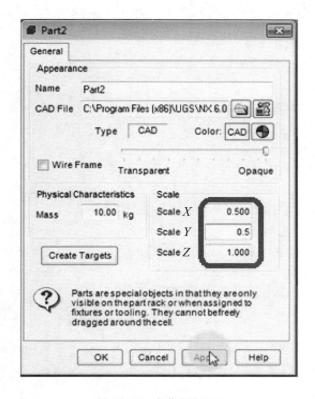

图 10-1-30　操作步骤(13)

(14)双击 Cell Browser 中的 Fixture1,在 Fixture1 对话框中选择"Parts"标签页,勾选"Part2",可以看到字体模型出现在 Fixture1 上(图 10-1-31)。

(15)勾选"Edit Part Offset",将字体模型位置沿 Fixture1 坐标系 Y 的负方向移动 10mm(图 10-1-32)。

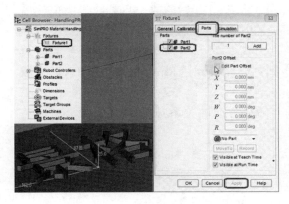

图 10-1-31　操作步骤(14)

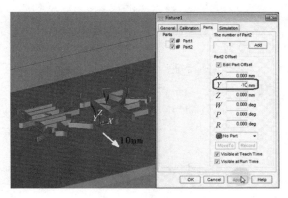

图 10-1-32　操作步骤(15)

任务二　末端执行器的选择与设置

任务目标

1. 知识目标
（1）辨别工具尺寸的调整；
（2）复述工具坐标系的设置方式；
（3）概括接近点、离去点和轨迹特征的设置方法；
（4）总结工具轴与轨迹轴的匹配关系。

2. 技能目标
能够完成仿真环境下末端执行器的安装操作。

3. 教学重点
（1）工具坐标系的设置方式；
（2）接近点、离去点和轨迹特征的设置方法；
（3）仿真环境下末端执行器的安装操作。

任务知识

在 FANUC 仿真软件 Robo Guide 的虚拟环境中将字体模型安放到位后，紧接着要在仿真环境的机器人上安装末端执行器，也就是书写笔。然后在仿真软件工具对话框（UT 对话框）的五个标签页中进行参数设置，以便在后续"任务三"中生成正确的离线轨迹程序。

（1）工具尺寸的调整：通过改变"缩放比 Scale"使仿真环境中的末端执行器与真实机器人的末端执行器尺寸相同。

（2）工具坐标系（UTOOL）的设置：设置正确的工具坐标系参数，以便工具能够以工具执行点为中心变换姿态。

（3）接近点、离去点的设置：接近点和离去点分别指轨迹开始的前一点和轨迹结束的后一点，设置接近点和离去点是为了让机器人以正确的方式（接近和离去的路径、速度）接近和离开模型。

（4）轨迹特征设置：以给定的速度和点的到达方式（精确到达 FINE，模糊到达 CNT）完成轨迹运行。

（5）工具轴与轨迹轴的匹配：确定工具方向与轨迹方向的关系，以便使工具 +Z 方向与工件表面的法线方向一致，同时确定工具的行走方向。

一、工具尺寸的调整

工具比例"Scale"用来调整工具模型的尺寸，图 10-2-1 中，输入 0.307 比例值是将工具模型的尺寸调整到与实际机器人上写字笔的尺寸完全相等。

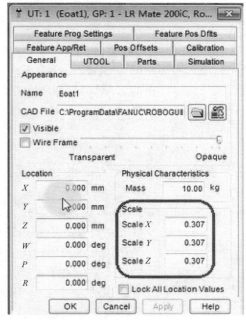

图 10-2-1 工具的尺寸

二、工具坐标系的设置

工具坐标系 UTOOL 的六个坐标值中,X、Y、Z 表示工具坐标系沿着安装凸缘坐标系 X、Y、Z 轴的平移量,W、P、R 表示工具坐标系绕着安装凸缘坐标系 X、Y、Z 轴的旋转量,如图 10-2-2 所示。当这六个坐标值全部为 0 时,表示工具坐标系与安装凸缘坐标系完全重合。

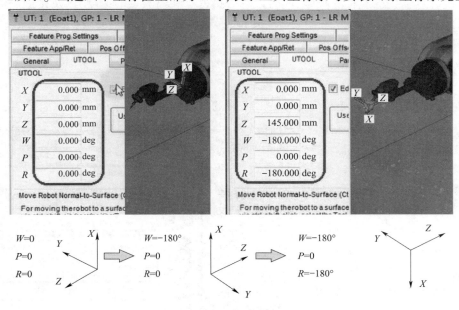

图 10-2-2 工具坐标系的设置

若给出 $Z=145$、$W=-180°$、$R=-180°$ 3 个坐标值，如图 10-2-2 中，引起工具坐标系位置发生变化，可以分三步理解：

第一步：工具坐标系沿安装凸缘坐标系的 $+Z$ 方向移出 145mm，移至工具的尖端；
第二步：工具坐标系绕安装凸缘坐标系的 X 轴旋转 $-180°$；
第三步：工具坐标系绕安装凸缘坐标系的 Z 轴旋转 $-180°$。

三、接近点、离去点的设置

接近点是机器人下笔写字前的一点，在落笔点的正上方，离去点是写字完成后抬起的点，在轨迹最后一点的正上方。

勾选"Add approach piont"和"Add retreat piont"（图 10-2-3），在生成机器人程序时就会自动在轨迹的最前和最后加入接近点和离去点。到达接近点和到达离去点的运动方式不同，到达接近点采用关节运动方式"J"，到达离去点采用直线运动方式"L"。因为到达接近点是从其他更远的点出发，轨迹是从空中走过，此时以机器人最自由的关节方式移动可以避免"奇异点"等问题的出现；而到达离去点是从轨迹最后一点出发，此时笔尖仍处在纸面上，如果采用关节方式"J"离开纸面，笔尖就不会垂直向上抬起，在抬起离开纸面的过程中笔尖发生横向滑移，在纸面上画出不需要的印记。

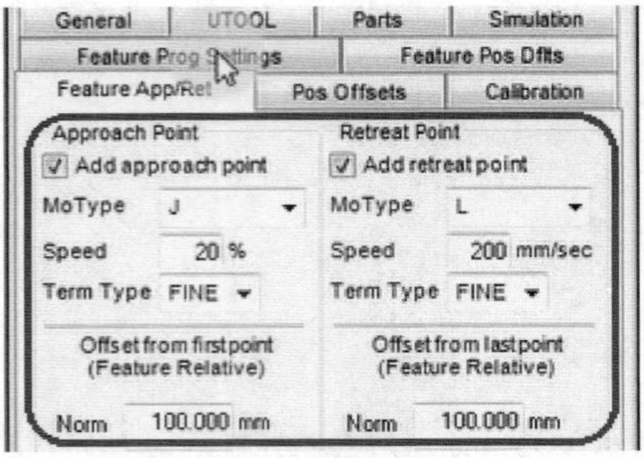

图 10-2-3 接近点、离去点的设置

在"接近点、离去点"标签页中，同时设置去接近点和离去点的速度，以及接近点、离去点距纸面的高度。注意，软件默认的高度是负值，必须改为正值，否则会发生碰撞事故。

四、轨迹特征设置

前面提到的接近点和离去点仅仅是工作前的准备点和工作结束之后的离开点，这两个点并不在机器人的作业轨迹中。某些任务对机器人作业轨迹的第一点和最后一点的运动方式有特殊要求，如"直线 L 方式或关节 J 方式""速度""精确到达 FINE 还是模糊到达 CNT"等，这些都可以在轨迹特征"Feature Prog Settings"中设置。如图 10-2-4 所示，①是到达轨迹第一点的运动方式，②是设置轨迹中间点的运动方式，③是到达轨迹最后一点的运动方式。其中，轨迹中间点全部采用 CNT100（CNT0 = FINE 精确到达）的模糊到达方式，使得轨迹效果最圆滑，缺点是在

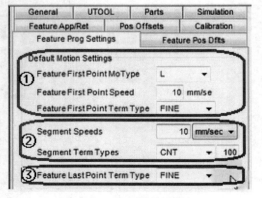

图 10-2-4 轨迹特征的设置

尖锐拐角处可能会丢失点,需要手工修补。

五、工具轴与轨迹轴的匹配

针对工具轴与轨迹轴的匹配度设置问题(图 10-2-5),可以设置工具坐标系 $+Z$ 方向与工作平面的法线方向一致,工具坐标系的 $+X$ 方向指向轨迹的行进方向,工具坐标系的 $+Y$ 方向与轨迹垂直。

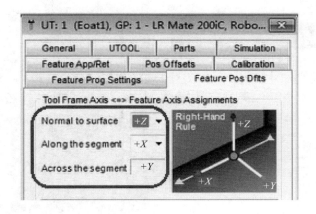

图 10-2-5　工具轴与轨迹轴的匹配

任务实施

末端执行器的选择与设置步骤如下。

(1)在工程管理器中打开工具列表,右键单击 UT1,打开工具库(图 10-2-6)。

(2)单击 Deburr_Hand01 工具(图 10-2-7)。

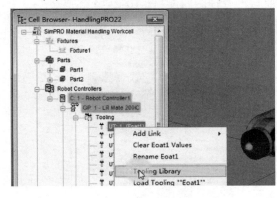

图 10-2-6　操作步骤(1)

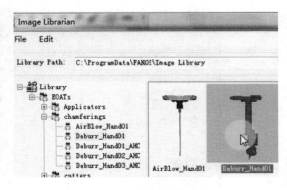

图 10-2-7　操作步骤(2)

(3)工具被安装在机器人的安装凸缘上,但尺寸过大(图 10-2-8)。

(4)在 General 标签页中,X、Y、Z 方向输入相同比例 0.307,调整工具尺寸与实际工具相同(图 10-2-9)。

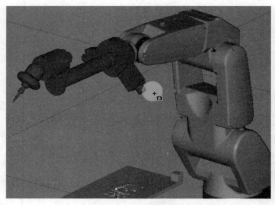
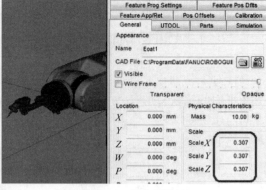

图 10-2-8　操作步骤(3)　　　　　　　图 10-2-9　操作步骤(4)

(5) 在 UTOOL 标签页中,输入 Z、W、R 坐标值分别为 145、−180、−180(图 10-2-10)。

(6) 单击"Apply"按钮,工具坐标系移动到工具顶端,并调转方向(图 10-2-11)。

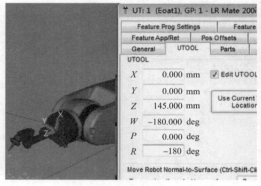
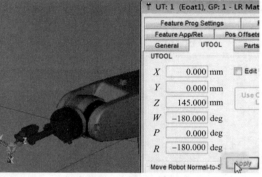

图 10-2-10　操作步骤(5)　　　　　　图 10-2-11　操作步骤(6)

(7) 在 UTOOL 标签页中,选择与工作平面法线相匹配的工具坐标轴(图 10-2-12)。

(8) 在 Feature Pos Dfts 标签页中,进行工具轴与轨迹轴的匹配(图 10-2-13)。

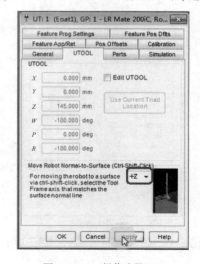
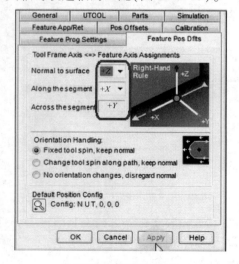

图 10-2-12　操作步骤(7)　　　　　　图 10-2-13　操作步骤(8)

(9) 在 Feature App/Ret 标签页中，设置接近点、离去点的运动方式（图 10-2-14）。

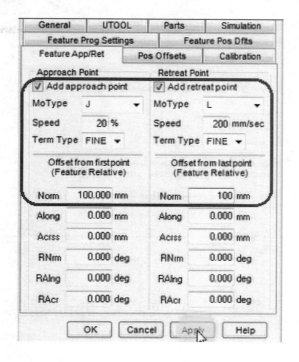

图 10-2-14　操作步骤(9)

(10) 在 Feature Prog Settings 标签页中，设置轨迹特征（图 10-2-15）。

(11) 选择工具菜单的 Options 选项（图 10-2-16）。

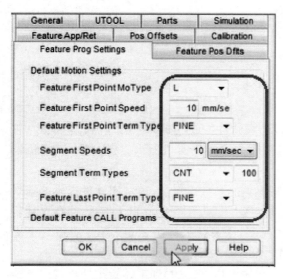

图 10-2-15　操作步骤(10)　　　　　图 10-2-16　操作步骤(11)

(12) 取消对自动保存功能的勾选（图 10-2-17）。

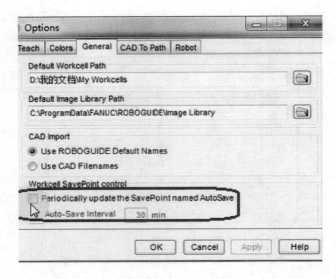

图 10-2-17　操作步骤(12)

任务三　生成离线轨迹程序

任务目标

1. 知识目标

复述棱边拾取的两种类型——"三维拾取"和"二维拾取"。

2. 技能目标

以教材为基础,在实际操作中掌握拾取棱边的技能,积累实战经验。

3. 教学重点

离线轨迹程序的编程操作。

任务知识

离线轨迹就是脱离机器人,在计算机中通过仿真软件生成的机器人程序,可以在仿真软件的虚拟环境下运行、检验和优化程序,然后将程序传输给真实机器人,最终可由真实机器人实际运行程序。

在 FANUC 仿真软件 Robo Guide 中完成书写工具的参数设置后,再利用软件提供的拾取工具拾取字体模型的棱边,拾取完成后,检查轨迹参数,设定用户坐标系,最后软件会自动将拾取棱边的结果转化为机器人的轨迹程序(TP 程序)。具体操作方法见"任务实施",下面着重介绍拾取模型棱边时的技巧及需注意的问题。

打开棱边拾取工具"Edge Line",将光标靠近字体模型,可以看到字体棱边处出现白色线束,线束表示模型平面的法线方向,必须使线束处于模型的上平面,且方向垂直向上[图 10-3-1a)],此时单击鼠标,将记录下棱边上的一点。

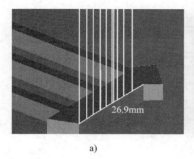 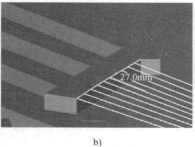 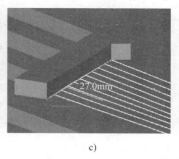

a)　　　　　　　　　　　　b)　　　　　　　　　　　　c)

图 10-3-1　棱边拾取

棱边拾取有"三维拾取"(图 10-3-2)和"二维拾取"(图 10-3-3)两种方法。"三维拾取"的优点是立体感强,可以清晰地判别线束处于模型的上棱边还是下棱边,以及线束的方向。但是,当拾取进行到最后时,黄色线束会过于密集(图 10-3-4),给拾取带来困难。

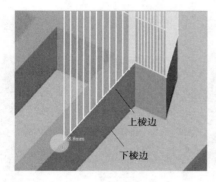 

图 10-3-2　三维拾取　　　　　　　　图 10-3-3　二维拾取

当线束过于密集时,可采用"二维拾取"方法,如图 10-3-3 所示,该方法画面简洁,拾取方便,缺点是无法识别所拾取的棱边是在模型的上平面还是下平面,以及线束的方向,因此可能导致所记录的点处在模型的下棱边,或者线束方向不是垂直向上,而是水平,这样所记录的轨迹中就会包含一些缺陷点,这就要求在后面程序检测、调试过程中,对轨迹点进行认真查找,修正这些缺陷点,才能够运行程序,否则在实际机器上运行程序时会导致严重事故。

图 10-3-4　线束过于密集

 任务实施

生成离线轨迹程序具体步骤如下。

(1)选择"Teach"(示教)菜单,选择"Draw Part Features"(拾取工件轨迹)选项(图10-3-5)。

(2)在 cell browser 对话框中,单击"Part2"(文字模型)按钮,选择"Edge line"(轨迹拾取工具)选项(图10-3-6)。

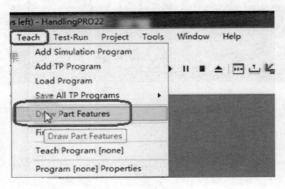

图10-3-5 操作步骤(1)

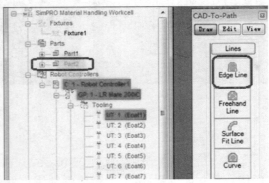

图10-3-6 操作步骤(2)

(3)将场景拉到远景,找到远处的文字模型(图10-3-7)。

(4)将光标靠近文字模型,可以看到字体棱边处出现白色线束,使白色线束处于模型的上平面,并且方向垂直向上(图10-3-8)。

图10-3-7 操作步骤(3)

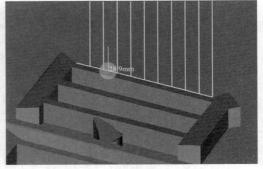

图10-3-8 操作步骤(4)

(5)单击鼠标右键,确定所拾取的轨迹点。沿模型棱边逐点向前推进,已经拾取成功的轨迹显示为黄色(图10-3-9)。

(6)经过拐角部位时,轨迹线会自动包围拐角,不要点击拐角点(图10-3-10)。

图10-3-9 操作步骤(5)

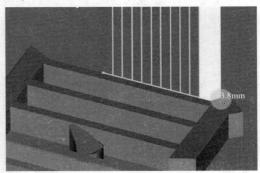

图10-3-10 操作步骤(6)

(7)某些部位线束过于密集,难以分辨时,可以变化工件角度,采用二维模式进行拾取(图10-3-11)。

(8)错误情况,线束出现在模型的下棱边,而且方向水平(图10-3-12)。

图10-3-11 操作步骤(7)

图10-3-12 操作步骤(8)

(9)错误情况,线束虽然处于上棱边,但是方向水平(图10-3-13)。

(10)正确情况,线束出现在模型的上棱边,而且方向垂直向上(图10-3-14)。

图10-3-13 操作步骤(9)

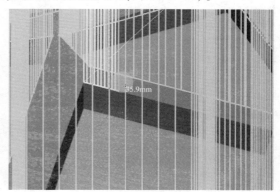

图10-3-14 操作步骤(10)

(11)正确情况,线束出现在模型的上棱边,而且方向垂直向上(图10-3-15)。

(12)路径全部拾取完毕,轨迹最后留一小的缺口,在最后一点双击鼠标,结束,生成轨迹程序。注意,在拾取路径过程中,不可双击鼠标,否则拾取过程将被中断,需要重新开始(图10-3-16)。

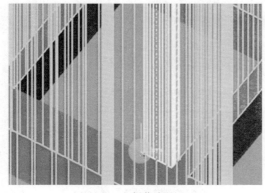

图10-3-15 操作步骤(11)

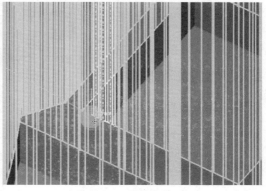

图10-3-16 操作步骤(12)

(13) 双击后弹出 Feature1,Part2 的轨迹对话框(图 10-3-17)。

(14) 在 Approach/Retreat 标签栏中检查接近点、离去点的运动方式(图 10-3-18)。

图 10-3-17　操作步骤(13)

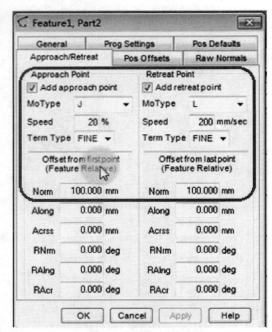
图 10-3-18　操作步骤(14)

(15) 在 Pos Defaults 标签栏中检查工具轴与轨迹轴的匹配,并将"Circular Move 圆弧运动"设置为"Never"(图 10-3-19)。

(16) 在 Prog Settings 标签栏中检查轨迹特征(图 10-3-20)。

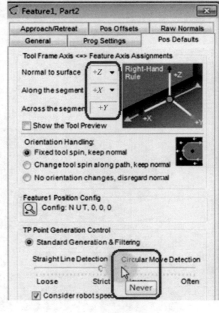
图 10-3-19　操作步骤(15)

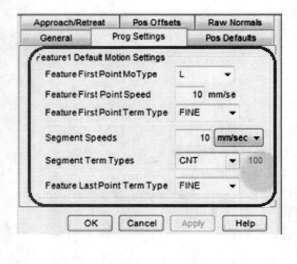
图 10-3-20　操作步骤(16)

(17) 在 General 标签栏中,将用户坐标系"UF:0"改为"UF:1"(图 10-3-21)。
(18) 单击"Generate Feature TP Program"(生成轨迹 TP 程序)按钮(图 10-3-22)。

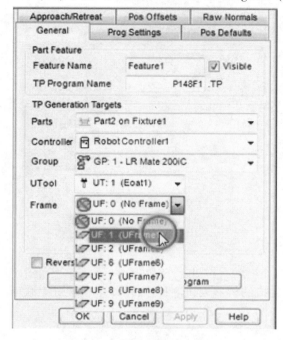

图 10-3-21　操作步骤(17)

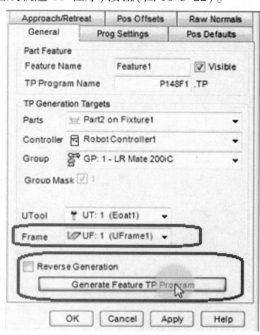

图 10-3-22　操作步骤(18)

(19) 在弹出的对话框中,确定应用上述所有操作内容(图 10-3-23)。
(20) 正在生成轨迹 TP 程序(图 10-3-24)。

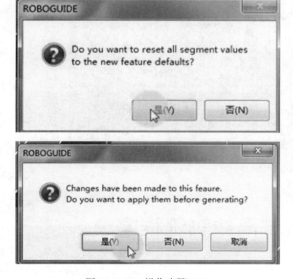

图 10-3-23　操作步骤(19)

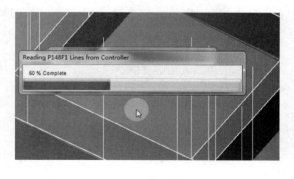

图 10-3-24　操作步骤(20)

(21) 程序生成完毕,记住系统给出的程序名(图 10-3-25)。
(22) 将场景拉到远景,回到找到机器人(图 10-3-26)。

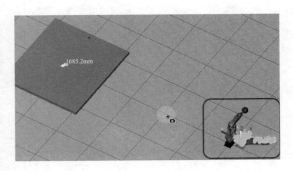

图 10-3-25　操作步骤(21)　　　　　　　　图 10-3-26　操作步骤(22)

(23)将机器人工作位置放大,可以看到已生成的机器人轨迹程序,由众多轨迹点串联而成(图 10-3-27)。

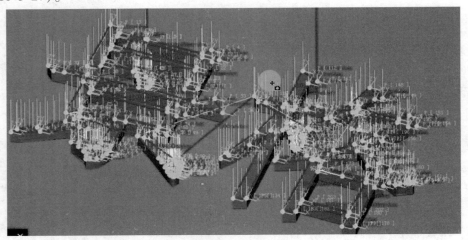

图 10-3-27　操作步骤(23)

任务四　操作与调试离线轨迹程序

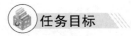任务目标

1. 知识目标

(1)掌握轨迹缺陷修补、制作抬笔路径的方法;

· 198 ·

（2）理解书写笔的结构、沿斜线抬笔和落笔对轨迹的影响；
（3）掌握路径点的识别技巧。

2. 技能目标

每位学生的字体模型不同，因此遇到的轨迹缺陷也不相同，以教材内容为基础，在操作过程中总结和积累自己的实战经验。

3. 教学重点

加入抬笔路径及轨迹缺陷的修补。

任务知识

调试离线编程软件，就是在轨迹生成后，通过模拟运行，在仿真软件中检测机器人行走路径是否正确，针对模拟运行中出现的轨迹缺陷，在仿真软件中进行修改和优化，然后在笔画间加入抬笔轨迹，最后导出离线轨迹程序。下面介绍修补缺陷及制作抬笔路径的原理和技巧，具体操作步骤见"任务实施"。

一、轨迹缺陷及产生的原因

在任务二中设置轨迹特征时，为了得到轨迹的圆滑过渡效果，将轨迹点的到达模式设定为"CNT100"最圆滑方式，(CNT0 = FINE，等同于精确到达)，因此，在生成轨迹程序时，为了获得圆滑的过渡效果，某些尖锐的路径点可能会被删除，使得轨迹转折部位出现缺口，需要进行修补，即重新填补缺失的轨迹点（具体方法见"任务实施"），如图10-4-1标记1部位。

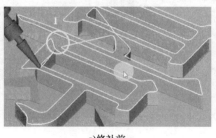 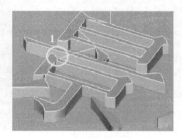

a) 修补前　　　　　　　　　　　　　b) 修补后

图 10-4-1　轨迹缺陷

二、抬笔路径

写字过程中，在不同笔画转换时，必须给机器人程序加入抬笔动作。从一个笔画过渡到下一个笔画时，笔必须抬起一定高度，脱离纸面，以免笔在纸面上划出不需要的印记。如图10-4-2所示是未做抬笔路径时的写字效果，笔画过渡时纸面上留下了许多过渡线。

抬笔时，笔尖垂直向上移动；落笔时，笔尖垂直向下移动，因此抬笔、落笔加上中间平移过渡阶段，共同构成一个"门字形"抬笔轨迹，如图10-4-3所示。

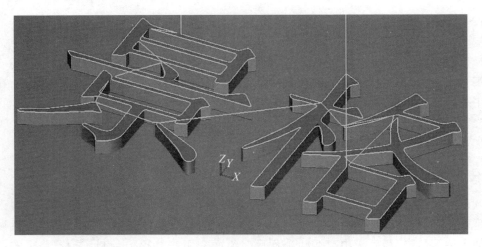

图 10-4-2　未做抬笔路径的轨迹

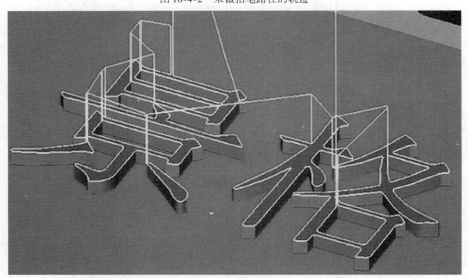

图 10-4-3　做了抬笔路径的轨迹

三、机器人书写笔的结构

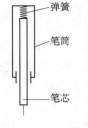

图 10-4-4　机器人书写笔的结构

机器人书写笔与普通笔不同,笔芯必须能够随纸面的不平度上下伸缩。在笔筒内部,笔芯上端装有弹簧,在弹簧弹力作用下,笔芯能够始终以一定压力压向纸面,保证书写清晰,同时由于弹簧的伸缩作用,笔芯可以相对于笔筒上下移动。机器人书写笔的结构如图 10-4-4 所示。

四、沿斜线抬笔和落笔时的情况

如前所述,抬笔和落笔时必须沿垂直方向移动,否则会在纸面上留下不需要的划痕。

如图 10-4-5 所示,落笔时沿斜线方向移动,当笔到达位置 1 时,笔尖刚刚触及纸面,还不能开始写字,机器人必须沿斜线继续向前运动一小段距离,使得笔芯上端的弹簧有一定的压缩量,笔尖与纸面之间有了一定压力之后,才能保证书写清晰,但是,在继续沿斜线下移过程中,笔尖与纸面之间存在一个水平方向的滑移 Δ,在纸面上留下一小段拖痕。

五、路径点的识别技巧

图 10-4-5 沿斜线落笔时的情况

在修补缺陷及制作抬笔路径时,识别点的位置及编号非常重要。

场景中标识的路径点有时与程序中的路径点编号不一致,应以程序中的路径点编号为准。

点击场景中的路径点,使该点高亮显示,此时,程序光标自动跳到该点对应的行,对照该行点的编号与场景中点的编号,如果不一致,应以程序中点编号为准。如图 10-4-6 所示,高亮(橙色)显示点的编号为 31,而不是 32。

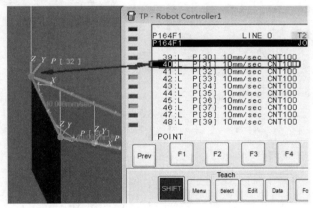

图 10-4-6 路径点的识别技巧

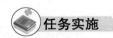

一、缺陷修补

缺陷修补步骤如下。

(1)试运行程序,查找缺陷部位(图 10-4-7)。

下面开始修补缺陷部位,就是将 P(44) 点复制到 P(71) 点之后。即笔尖到 P(71) 点之后,再到 P(44) 点,然后再去往下一笔画。

(2)光标移到 P(44) 点所在行的最左端,行的序号部位,按 F5"EDCMD"键,在弹出菜单中选择"copy"选项,按"ENTER"键确定(图 10-4-8)。

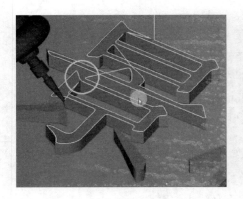

图10-4-7 操作步骤(1)

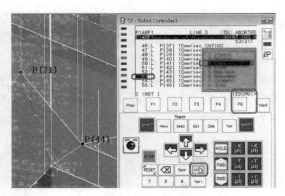

图10-4-8 操作步骤(2)

(3)按两下F2"COPY"键(图10-4-9)。

(4)将光标移到P(71)点的后面一行的行序号处,单击F5"PASTE"键(图10-4-10)。

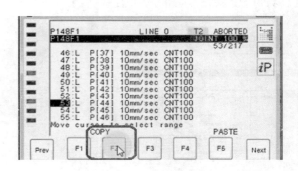

图10-4-9 操作步骤(3)　　　　　　图10-4-10 操作步骤(4)

(5)单击F3"POS-ID"键(图10-4-11)。

(6)可以看到,P(44)点被复制到了P(71)点之后(图10-4-12)。

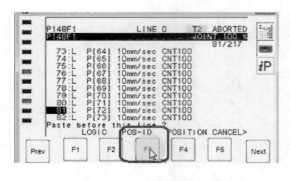
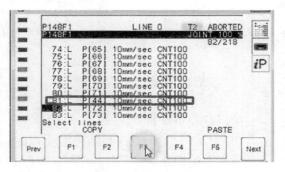

图10-4-11 操作步骤(5)　　　　　　图10-4-12 操作步骤(6)

(7)再运行程序,看到缺陷部位已经被修补(图10-4-13)。

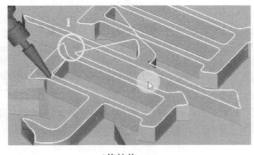
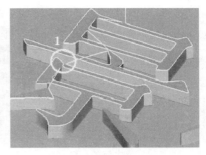

a)修补前　　　　　　　　　　　　　　　b)修补后

图 10-4-13　操作步骤(7)

二、制作抬笔路径

制作抬笔路径步骤如下。

(1)在笔画转换处,P(15)点和 P(16)点之间制作抬笔路径。首先将 P(15)点和 P(16)点的到达方式改为 FINE(图 10-4-14)。

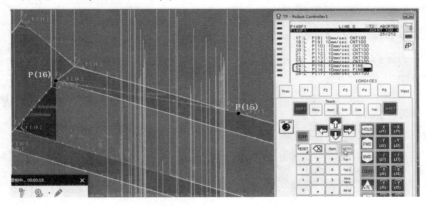

图 10-4-14　操作步骤(1)

(2)用上述方法,将 P(15)点和 P(16)点各复制一行在自己的下面(图 10-4-15)。

(3)将后面一个 P(15)点和前面一个 P(16)点的点号进行修改,保证与程序中现有点号不重复,比如,改为 505 点和 506 点(图 10-4-16)。

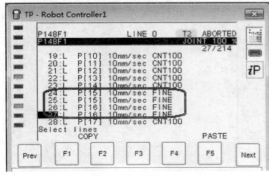
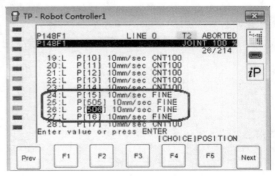

图 10-4-15　操作步骤(2)　　　　　　　图 10-4-16　操作步骤(3)

(4)光标移至点号 505 处,按 F5"POSION"键(图 10-4-17)。
(5)光标移至 505 点的 Z 坐标处(图 10-4-18)。

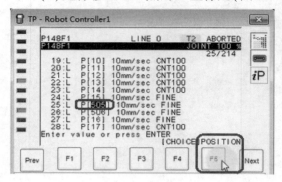 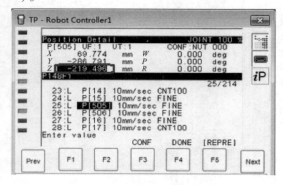

图 10-4-17 操作步骤(4)　　　　　　图 10-4-18 操作步骤(5)

(6)将 505 点的 Z 坐标值改为 -200,即提高了 19.5mm,作为抬笔高度(图 10-4-19)。
(7)用同样的方法,将 506 点的 Z 坐标值也改为 -200(图 10-4-20)。

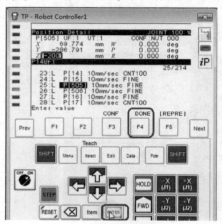 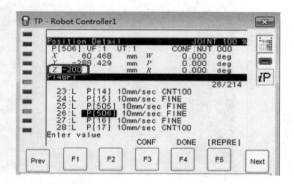

图 10-4-19 操作步骤(6)　　　　　　图 10-4-20 操作步骤(7)

(8)为提高运行效率,将 505 点和 506 的速度增加至 30mm/s(图 10-4-21)。
(9)用同样的方法,制作所有笔画转换部位的抬笔路径。最后运行程序,进行检查(图 10-4-22)。

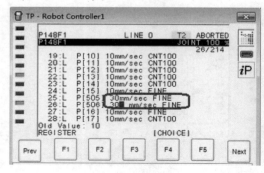 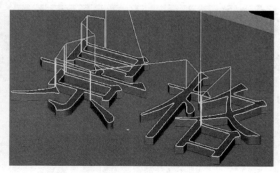

图 10-4-21 操作步骤(8)　　　　　　图 10-4-22 操作步骤(9)

三、导出程序

导出程序步骤如下。

(1)在工程编辑器"Cell Browser"中,找到前面所制作的轨迹程序名(图10-4-23)。

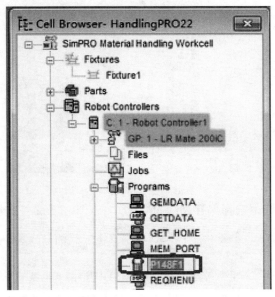

图10-4-23 操作步骤(1)

(2)将程序名改为"JOB5555",作为实机运行时的子程序名(图10-4-24)。

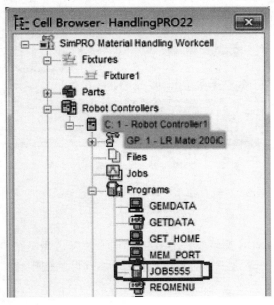

图10-4-24 操作步骤(2)

（3）右键单击程序名，单击"Export→To loadest"选项（图10-4-25）。

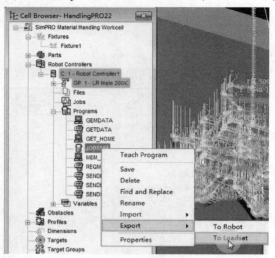

图10-4-25 操作步骤(3)

（4）在弹出的对话框中选择保存路径，单击"Export"→"Done"按钮完成（图10-4-26）。

图10-4-26 操作步骤(4)

项 目 小 结

本项目主要讲述 FANUC 离线编程软件的使用方法及应用。结合实际案例，对离线编程软件的使用过程和设置方法进行详细描述，重点掌握软件的使用和参数设置方式。

参 考 文 献

[1] 龚仲华,龚晓雯.工业机器人完全应用手册[M].北京:人民邮电出版社.2017.
[2] 李慧,马正先,逢波.工业机器人及零部件结构设计[M].北京:化学工业出版社,2016.
[3] 张玫,邱钊鹏,褚刚.机器人技术[M].北京:机械工业出版社,2011.
[4] 王东署,朱训林.工业机器人技术与应用[M].北京:中国电力出版社,2016.
[5] 冯慧娟,苗青,樊胜秋,等.工业机器人机械结构模块化设计[J].机械工程与自动化,2019(2):100-101.
[6] 王红旗.工业机器人手眼视觉伺服控制系统设计[J].传感器与微系统,2019(4):111-113.
[7] 王旭升.基于正交试验法的工业机器人定位误差测量研究[J].电子技术与软件工程,2019(3):113.
[8] 王研.以关节包覆为核心的六轴机器人防护服设计[J].东华大学学报(自然科学版),2019(3):101-104.